U0315490

高职高专实验实训规划教材

维修电工技能实训教程

主　编　周辉林

副主编　刘　健　朱智碧

北　京

冶金工业出版社

2017

内 容 简 介

本书是根据维修电工国家职业技能要求，紧密结合企业维修电工工作实际编写的。全书内容分为维修电工基础技能实训和维修电工综合技能实训两篇，每篇由相对独立的实训项目组成。各实训项目的挑选突出在实训过程中的可操作性，强化在工作过程中的实用性，立足提高学生的实际动手能力，打造企业一线高技能人才。

本书适用于高职院校电气、机电等专业学生的维修电工技能培训，同时也适用于企业维修电工初级、中级、高级工及技师、高级技师的培训。

图书在版编目（CIP）数据

维修电工技能实训教程/周辉林主编 . —北京：冶金工业出版社，2009.11（2017.7 重印）

高职高专实验实训规划教材

ISBN 978-7-5024-5099-1

Ⅰ. 维… Ⅱ. 周… Ⅲ. 电工—维修—技术培训—教材 Ⅳ. TM07

中国版本图书馆 CIP 数据核字（2009）第 193519 号

出 版 人　谭学余
地　　址　北京市东城区嵩祝院北巷 39 号　邮编　100009　电话　(010)64027926
网　　址　www.cnmip.com.cn　电子信箱　yjcbs@cnmip.com.cn
责任编辑　陈慰萍　美术编辑　李 新　版式设计　张 青
责任校对　栾雅谦　责任印制　李玉山
ISBN 978-7-5024-5099-1
冶金工业出版社出版发行；各地新华书店经销；三河市双峰印刷装订有限公司印刷
2009 年 11 月第 1 版，2017 年 7 月第 4 次印刷
787mm×1092mm　1/16；10 印张；234 千字；150 页
21.00 元
冶金工业出版社　投稿电话　(010)64027932　投稿信箱　tougao@cnmip.com.cn
冶金工业出版社营销中心　电话　(010)64044283　传真　(010)64027893
冶金书店　地址　北京市东四西大街 46 号(100010)　电话　(010)65289081(兼传真)
冶金工业出版社天猫旗舰店　yjgycbs.tmall.com
（本书如有印装质量问题，本社营销中心负责退换）

前　言

"维修电工技能实训"是高职学院电气、机电等专业学生和企业职工维修电工技能培训重要的实践性课程。该课程设置的目的是让学生通过实践掌握电工工艺、电气设备安装工艺、电子技术、电气控制技术及装置等内容，提高学生综合应用知识的动手能力，培养其工程意识，启发其创新思维。

维修电工技能实训具有知识点多、交叉性强、技术复杂等特点，为此我们打破了原有学科教材的体系，在总体结构上以技能实训为导向，相关理论知识融入实践内容中，不单独讲解，以求达到"做中学，学中做"的目的。

本书分为维修电工基础技能实训和维修电工综合技能实训两篇。

维修电工基础技能实训突出基本功的训练，培养学生的工程素质，锻炼其独立工作能力。在实训前，学生要先了解实训目的、实训内容和实训方法；在实训中，学生通过教师的示范操作和指导，独立完成电器和电子元器件筛选、仪器仪表使用、电路连接等操作内容。

维修电工综合技能实训突出知识的延展性和综合能力的培养，锻炼学生独立思考、分析和解决问题的能力。在教学组织过程中，要求学生自行查阅资料，自行设计，自己动手完成实训项目，自己进行工作原理分析，最后得出实训结论，并提交规范的实训报告。指导教师应侧重实训过程的指导和实训结果的讲评。

本书是基于维修电工技能职业资格考试编写的，可供维修电工初级、中级、高级工及技师、高级技师培训时使用。

本书由昆明工业职业技术学院教师编写，周辉林担任主编，刘健、朱智碧担任副主编，陈少华、宋春云、金亚莉参加编写。昆明理工大学田永利副教授任主审。

本书在编写过程中得到了昆明工业职业技术学院领导及昆明钢铁公司相关单位工程技术人员的大力支持，在此特表感谢。

由于作者水平所限，书中不妥之处，恳请读者批评指正。

编　者

2009 年 7 月

目　录

上篇 维修电工基础技能实训

维修电工基础技能实训重点在于基本功的训练，目的是要培养学生的工程素质，锻炼其独立工作能力。实训前，学生应先了解实训目的、实训内容和实训方法；实训中，通过教师的示范操作和指导，学生应能独立完成电器或电子元器件筛选、仪器仪表使用、电路连接等实训操作内容。

教学要求：

（1）允许学生实训失败，并有多次重做实训的机会，直至成功。

（2）教学过程中，教师要对学生实训情况进行打分讲评。

实训一　电气控制电路图的绘制、识读与电气控制电路的连接及故障检修方法

在生产实践中，大部分生产设备的动力来源于电动机。电动机控制电路有的比较简单，有的相当复杂，但任何复杂的控制电路总是由一些基本控制电路有机组合起来的。

生产机械电气控制电路常用电气原理图、接线图和布置图来表示。实际中，这三种图并不是孤立的，而是要结合起来使用。

一、绘制、识读电气原理图的原则

电气原理图是根据生产机械运动形式对电气控制系统的要求，按照电气设备和电器的工作顺序，采用国家统一规定的电气图形符号和文字符号，详细表示电路、设备或成套装置的全部基本组成和连接关系，而不考虑其实际位置的一种简图。电气原理图能充分表达电气设备和电器的用途、作用和工作原理，是电气控制电路安装、调试与维修的理论依据。

电气原理图主要由主电路、控制电路和辅助电路三个部分组成。主电路是强电流通过的部分，完成对主控对象（一般是电动机）的控制，主要由主控对象和各控制器件的主触点组成；控制电路一般工作电流小，由各控制器件的辅助触点和线圈等组成，主要实现对主电路中各控制器件主触点的控制；辅助电路根据需要选用，主要包括照明电路、信号电路和保护电路等。

电气原理图一般按电源电路、主电路和辅助电路三部分绘制。绘制、识读时应遵循以下原则。

（1）电源电路一般画成水平线，如图 1-1 所示。对三相交流电源来说，按相序 L_1、L_2、L_3 自上而下依次画出，中线 N 和保护地线 PE 依次画在相线之下（需要时画出）；对直流电源来说，其"＋"端画在上边，"－"端画在下边；电源开关水平画出。

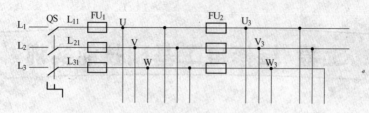

图 1-1 电源电路

（2）主电路由主熔断器、接触器的主触头、热继电器的热元件以及电动机等组成，如图 1-2 所示。主电路画在电气原理图的左侧并垂直电源电路。主电路通过的电流是电动机的工作电流，因此电流较大。

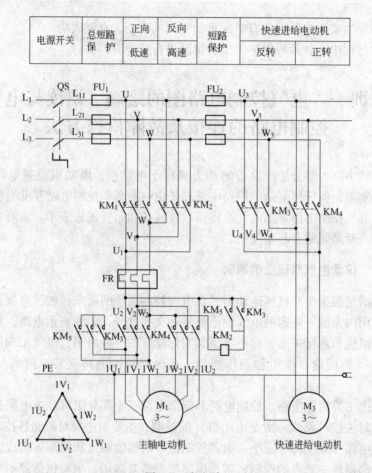

图 1-2 主电路

（3）辅助电路一般包括控制主电路工作状态的控制电路、显示主电路工作状态的指示电路和提供机床设备局部照明的照明电路等。它由主令电器的触头、接触器线圈及辅助触头、继电器线圈及触头、指示灯和照明灯等组成，如图 1-3 所示。辅助电路通过的电流都较小，一般不超过 5A。

画辅助电气原理图时，辅助电路要跨接在两根电源线之间，一般按照控制电路、指示

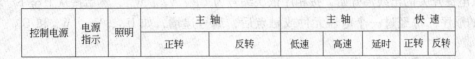

控制电源	电源指示	照明	主　轴		主　轴			快　速	
			正转	反转	低速	高速	延时	正转	反转

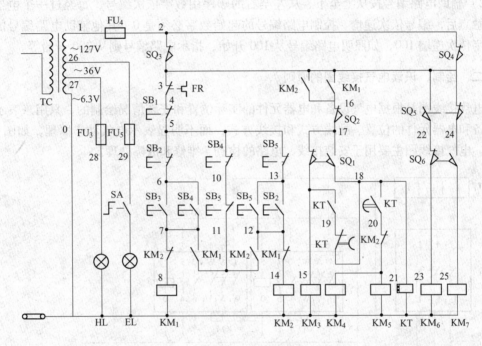

图 1-3　辅助电路

电路和照明电路顺序依次垂直画在主电气原理图的右侧，且电路中与下边电源线相连的耗能元件（如接触器和继电器的线圈、指示灯和照明灯等）通常画在电气原理图的下方，而电器的触头要画在耗能元件与上边电源线之间。为读图方便，一般应按照从左至右、自上而下的排列来表示操作顺序。

（4）电气原理图中，各电器的触头位置都按电路未通电或电器未受外力作用时的常态位置画出。

（5）电气原理图中，不画各电器元件实际的外形图，而采用国家统一规定的电气图形符号画出。

（6）电气原理图中，同一电器的各元件不按它们的实际位置画在一起，而是按其在电路中所起的作用分画在不同电路中，但它们的动作却是相互关联的，因此，必须标注相同的文字符号。若图中相同的电器较多时，需要在电器文字符号后面加注不同的数字，以示区别，如 SB_1、SB_2 或 KM_1、KM_2 等。

（7）画电气原理图时，应尽可能减少线条和避免线条交叉。对有直接电联系的交叉导线连接点，要用小黑圆点表示；无直接电联系的交叉导线，则不画小黑圆点。

（8）电气原理图采用编号法，即对电路中的各个接点用字母或数字编号。

1）单台三相交流电动机（或设备）的 3 根引出线按相序依次编号为 U、V、W。对多台电动机引出线的编号，为了不致引起误解和混淆，可在字母前用不同的数字加以区别，如 1U、1V、1W 和 2U、2V、2W 等。电源开关的进线端按相序依次编号为 L_1、L_2、L_3、

N，从电源开关的出线端开始，按相序依次编号为 U_{11}、V_{11}、W_{11}，然后按从上至下、从左至右的顺序，每经过一个电器元件或触点后，编号递增，如 U_{12}、V_{12}、W_{12} 和 U_{13}、V_{13}、W_{13} 等。

2）辅助电路编号按从上至下、从左至右的顺序用数字依次编号，每经过一个电器元件或触点后，编号依次递增。控制电路编号的起始数字必须是 0，其他辅助电路编号的起始数字依次递增 100，如照明电路编号从 100 开始，指示电路编号则从 200 开始等。

二、绘制、识读电气接线图的原则

电气接线图是根据电气设备和电器元件的实际位置和安装情况绘制的，只用来表示电气设备和电器元件的位置、配线方式和接线方式，而不明显表示电气动作原理，如图 1-4 所示。电气接线图主要用于安装接线、电路的检查、维修和故障处理。

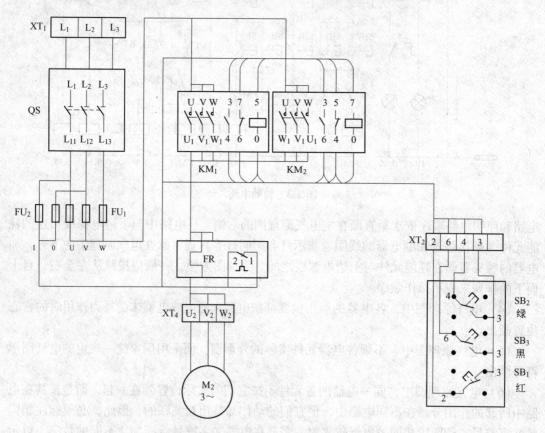

图 1-4　接触器联锁正反转控制电路接线图

绘制、识读接线图应遵循以下原则：

（1）接线图中一般标示出电气设备和电器元件的相对位置、文字符号、端子号、导线号、导线类型、导线截面积、屏蔽和导线绞合等。

（2）所有的电气设备和电器元件都按其所在的实际位置绘制在图纸上，且同一电器的各元件根据其实际结构，使用与电路图相同的图形符号画在一起，并用点划线框上。其文字符号以及接线端子的编号应与电路图中的标注一致，以便对照检查接线。

（3）接线图中的导线有单根导线、导线组（或线扎）和电缆之分，可用连续线和中断线来表示。凡导线走向相同的可以合并，用线束来表示，到达接线端子板或电器元件的连接点时再分别画出。在用线束来表示导线组和电缆时，可用加粗的线条表示，在不引起误解的情况下，也可采用部分加粗。另外，导线及管子的型号、根数和规格应标注清楚。

三、绘制电气布置图的原则

电气布置图是根据电器元件在控制板上的实际安装位置，采用简化的外形符号（如正方形、矩形和圆形等）而绘制的一种简图，如图1-5所示。它不表达各电器的具体结构、作用、接线情况和工作原理，主要用于表示电器元件的布置和安装。图中各电器的文字符号必须与电路图和接线图的标注相一致。

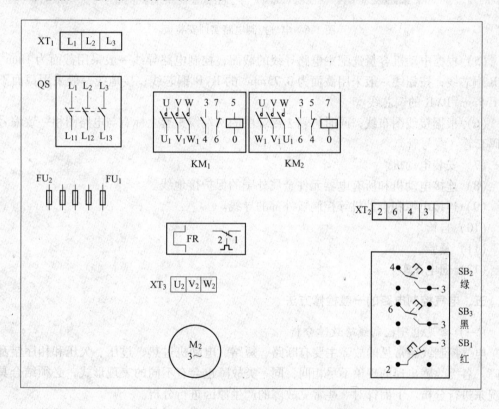

图 1-5　接触器联锁正反转控制电路布置图

四、电气控制电路的连接步骤

电动机电气控制电路的连接，不论采用哪种配线方式，一般都按以下步骤进行：

（1）识读电路图，明确电路所用电器元件及其作用，熟悉电路的工作原理。

（2）根据电路图或元件明细表配齐电器元件，并进行检验。

（3）根据电器元件选配安装工具和控制板，本实训中所用的安装板如图1-6所示。

（4）根据电路图绘制布置图和接线图，然后按要求在控制板上安装电器元件（电动机除外），并贴上醒目的文字符号。

图 1-6 电气控制电路实训安装板

（5）根据电动机容量选配主电路导线的截面，控制电路导线一般采用截面为 $1mm^2$ 的 BVR 铜芯线；按钮线一般采用截面为 $0.75mm^2$ 的 BVR 铜芯线；接地线一般采用截面不小于 $1.5mm^2$ BVR 的铜芯线。

（6）根据接线图布线，同时将剥去绝缘层的两端线头套上标有与电路图相一致编号的编码套管（线号管）。

（7）安装电动机。

（8）连接电动机和所有电器元件金属外壳的保护接地线。

（9）连接电源和电动机等控制板外部的导线。

（10）自检。

（11）复验。

（12）通电试车。

五、电气控制电路的一般检修方法

（一）常见电气控制线路故障分析

电气控制线路常见的故障主要有断路、短路、电动机过热、过压、欠压和相序错乱等故障。各类故障出现的现象不尽相同，同一类故障也会有不同的表现形式，必须结合具体情况来进行分析。下面针对一些常见故障的产生原因进行分析。

（1）断路故障。断路故障产生的主要原因有线路接头松脱和接触不良、导线断裂、熔断器熔断、开关未闭合、控制电器不动作和触点接触不良等。这类故障会导致受控对象（一般是电动机）不工作和设备部分或全部功能不能实现等现象。

（2）短路故障。短路故障产生的主要原因有接线错误、导线和器件短接以及器件触点粘接等。这类故障会导致保护器件（熔断器和断路器等）动作，使设备不能工作。

（3）电动机过热。电动机过热一般是由于过电流造成的，而产生过电流的主要原因有过载、断相和电动机自身的机械故障等。电动机长时间过热会导致内部绕组绝缘能力下降而被击穿烧毁。

（4）过压故障。过压的主要原因是接线错误和设备或器件选择不当。这类故障可能会导致设备和器件烧毁。

（5）欠压故障。欠压故障产生的主要原因是接线端子接触不良或器件接触不良、接线错误。这类故障会导致控制器件不能正常吸合，长时间欠压还会引起电动机电流增大过热，甚至烧毁。

（6）相序错乱故障。相序错乱故障产生的主要原因是供电电源出现问题或接线错误。这类故障会导致交流电动机的旋转方向反向，可能造成事故。

（二）常见电气控制线路故障检修方法

当电气控制线路出现故障时，应根据故障现象，结合电路原理图，通过分析、观察和询问等方法，对故障进行判断，并借助万用表、低压验电器和绝缘电阻表等仪器设备进行测量，找准故障点，排除故障。电气控制线路故障检修有如下方法。

（1）通电试验法。用通电试验法观察故障现象，初步判定故障范围。试验法是在不扩大故障范围，不损坏电气和机械设备的前提下，对线路进行通电试验。通过观察电气设备和电器元件的动作，判断它是否正常，各控制环节（如电动机、各接触器和时间继电器等）的动作程序是否符合工作原理要求。若出现异常现象，应立即断电检查，找出故障发生部位或回路。

（2）逻辑分析法。用逻辑分析法缩小故障范围，并在电路图上标出故障部位的最小范围。逻辑分析法是根据电气控制线路的工作原理、控制环节的动作程序以及它们之间的联系，结合故障现象作具体的分析，迅速缩小故障范围，从而判断出故障所在。这种方法是一种以准为前提、以快为目的的检查方法，特别适用于对复杂线路的故障检查。

（3）电压测量法。电压测量法是在线路通电的情况下，通过对各部分电压的测量来查找故障点。这种方法不需拆卸器件和导线，测试结果比较直观，适宜对断路故障、过压故障和欠压故障进行检修，是故障检修中最常用的方法。这种方法中常用的仪器仪表有万用表、电压表和低压验电器。

（4）电阻测量法。电阻测量法是在线路断电的情况下，通过对各部分电路通断和电阻值的测量来查找故障点。这种方法对查找断路和短路故障特别适用，也是故障检修中的重要方法。这种方法一般用万用表的欧姆挡进行测量。

（5）电流测量法。电流测量法是在线路通电的情况下，对线路电流进行测量。这种方法适用于对电动机的过热故障检修，同时还可检测电动机的运行状态以及判断三相电流是否平衡。这种方法一般采用万用表电流挡和钳形电流表进行测量。

（6）短接法。短接法是在怀疑线路有断路或某一独立功能的部位有断路的情况下，用绝缘良好的导线将其短接，根据短接后的情况来判断该部分线路是否存在故障。这种方法一般用于断路故障的检修。

（7）替代法。替代法是对怀疑有故障的器件，用同型号和规格的器件进行替换，替换后若电路恢复正常，就可以判断是被替代器件的故障。

（8）观察法。观察法是在线路通电的情况下，操作各控制器件（如开关、按钮等），观察相应受控器件（如接触器、继电器线圈等）的动作情况，以及观察设备有无异常声响、颜色和气味，从而确定故障范围的方法。

上述几种方法常需配合使用。在实践中，灵活应用各方法并不断总结经验，才能又快又准地对电气控制线路出现的故障进行检修。

（三）注意事项

（1）检修前要先掌握电路图中各个控制环节的作用和原理，并熟悉电动机的接线方法。

（2）在检修过程中严禁扩大和产生新的故障，否则，要立即停止检修。

（3）检修思路和方法要正确。

（4）带电检修故障时，必须有指导教师在现场监护，并要确保用电安全。

（5）检修必须在规定时间内完成。

实训二　通电延时带直流能耗制动的星形-三角形启动控制电路

一、实训目的

（1）掌握三相异步电动机通电延时带直流能耗制动星形-三角形启动控制的方法。

（2）加深对异步电动机星形-三角形启动和能耗制动原理的理解，通过试车，让学生掌握对电动机采取星形-三角形启动和能耗制动的目的。

（3）熟悉常见的低压电器，熟悉常用电工仪表和电工工具的使用方法。

（4）初步培养电气线路安装操作能力。

二、设备和器件

电动机控制线路接线练习板（已安装好相应电器）　　　　1块
电工常用工具　　　　　　　　　　　　　　　　　　　　1套
试车用三相异步电动机（JW6314　180W　380V）　　　　1台
BVR 导线（1.5mm^2、1.0mm^2）　　　　　　　　　　　若干

三、控制原理概述

能耗制动是指在切断电动机交流电源后，立即给定子绕组加一直流电源，以产生静止磁场，利用静止磁场与转子感应电流的相互作用来迫使电动机迅速停止的制动方法。能耗制动有无变压器半波整流能耗制动和有变压器全波整流能耗制动等制动方法。本实训是通电延时带直流能耗制动星形-三角形启动控制电路，如图 2-1 所示。

电路经认真检查确认无误后，接入三相交流电源。合上 QS，用验电笔检测。按下 SB$_2$。

（1）电动机进行星形降压启动（KM$_1$ 线圈得电、KM$_3$ 线圈得电）。

KM$_1$ 线圈得电→KM$_1$ 常开触头闭合自锁→KM$_1$ 主触头闭合→将三相交流电源送到电动机定子绕组的始端（即绕组的头）。

KM$_3$ 线圈得电→KM$_3$ 主触头闭合→将电动机定子绕组的末端（即绕组的尾）进行星形连接→电动机进行星形降压启动。

KM$_3$ 常闭触头断开→对 KM$_2$ 进行联锁。

（2）电动机进行三角形全压运行（KM$_1$ 线圈得电、KM$_2$ 线圈得电）。

KT 线圈得电→延时 3~5s→KT 延时常闭触头断开→KM$_3$ 线圈失电→KM$_3$ 常闭触头恢复闭合→KM$_3$ 主触头断开→Y 点连接断开→电动机脱离星形运行。

KT 延时常开触头闭合→KM$_2$ 线圈得电→KM$_2$ 常开触头自锁→KM$_2$ 主触头闭合→将电动机定子绕组换接成三角形连接方式→实现三角形全压运行。

KM$_2$ 常闭触头断开→对 KM$_3$ 进行联锁。

（3）电动机停转能耗制动过程（KM$_3$ 线圈得电、KM$_4$ 线圈得电）。

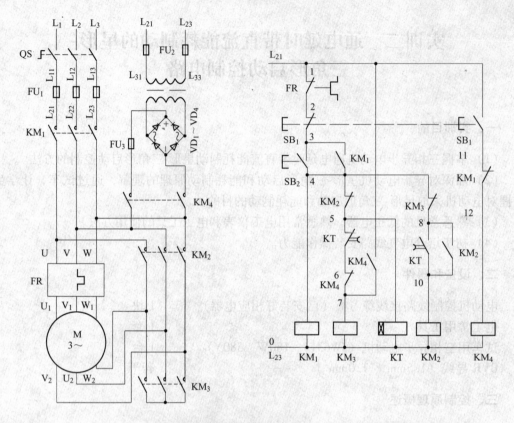

图 2-1 通电延时带直流能耗制动的星形-三角形启动控制电路

按下 SB_1 →SB_1 常闭触头断开→KM_1、KM_2 线圈失电→KM_1、KM_2 常开触头和常闭触头恢复原态→电动机断电。

SB_1 常开触头闭合→KM_4 线圈得电→KM_4 常开触头闭合→KM_3 线圈得电→KM_3 主触头将电动机绕组尾端连接成星形→为电动机制动做准备。

KM_4 主触头闭合→将整流桥输出直流电压接入电动机 V 相与 W 相绕组头→产生静止磁场，利用静止磁场与转子感应电流的相互作用而迫使电动机迅速停止。

KM_4 常闭触头断开→对 KM_1、KM_2、KT 进行联锁。

四、操作内容及要求

（1）在电动机控制线路安装练习板上安装通电延时带直流能耗制动的星形-三角形启动的控制电路。安装时要注意文明、安全操作，保护好电器，接点要安装牢靠、接触良好。安装实训中，除电动机外的其他元件必须排列整齐、合理，并安装牢固、可靠。

（2）板面导线敷设必须平直、整齐、合理，各接点必须紧密可靠，并保持板面整洁。

（3）安装完毕后，应仔细检查是否有误，确认接线无误并经老师同意后才能通电。

（4）通电试运转，仔细观察电器动作情况，观察电动机从星形启动切换到三角形运行时的运行情况差异，掌握正确的操作方法。

（5）用万用表交流电压挡测量星形启动和三角形运行时电动机同一相绕组两端的电

压值。

（6）观察电动机的制动过程。

五、实训报告与要求

（一）实训报告

画出通电延时带直流能耗制动的星形-三角形启动的控制电路工艺接线图（样图如图2-2所示）并分析线路动作原理。

（二）考核要求

（1）在规定时间内正确安装电路，且试运转成功，操作方法正确。

（2）安装工艺达到基本要求，线头长短适当，接点牢靠，接触良好。

（3）操作文明安全，没有电器损坏及安全事故。

六、通电延时带直流能耗制动的星形-三角形启动的控制电路评分标准

通电延时带直流能耗制动的星形-三角形启动控制电路的评分标准见表2-1。

表 2-1　评分标准

序 号	考核内容	考 核 要 求	评 分 标 准	配分	扣分	得分
1	元件安装	（1）按图纸的要求，正确使用工具和仪表，熟练安装电气元器件 （2）元件在配电板上布置要合理，安装要准确、紧固 （3）按钮盒不固定在板上	（1）元件布置不整齐、不匀称、不合理，每个扣1分 （2）元件安装不牢固、安装元件时漏装螺钉，每个扣1分 （3）损坏元件，每个扣2分	5		
2	布 线	（1）布线要求横平竖直，接线紧固美观 （2）电源和电动机配线、按钮接线要接到端子排上，要注明引出端子标号 （3）导线不能乱线敷设	（1）电动机运行正常，但未按电路图接线，扣1分 （2）布线不横平竖直，主电路、控制电路，每根扣0.5分 （3）接点松动，接头露铜过长，反圈，压绝缘层，标记线号不清楚、遗漏或误标，每处扣0.5分 （4）损伤导线绝缘或线芯，每根扣0.5分 （5）导线乱线敷设，扣10分	15		
3	通电试验	在保证人身和设备安全的前提下，通电试验一次成功	（1）时间继电器及热继电器整定值错误，各扣2分 （2）主电路、控制电路配错熔体，每个扣1分 （3）一次试车不成功扣5分；两次试车不成功扣10分；三次试车不成功扣15分	20		
			合　计	40		
备　注			考评员 签字		年　月　日	

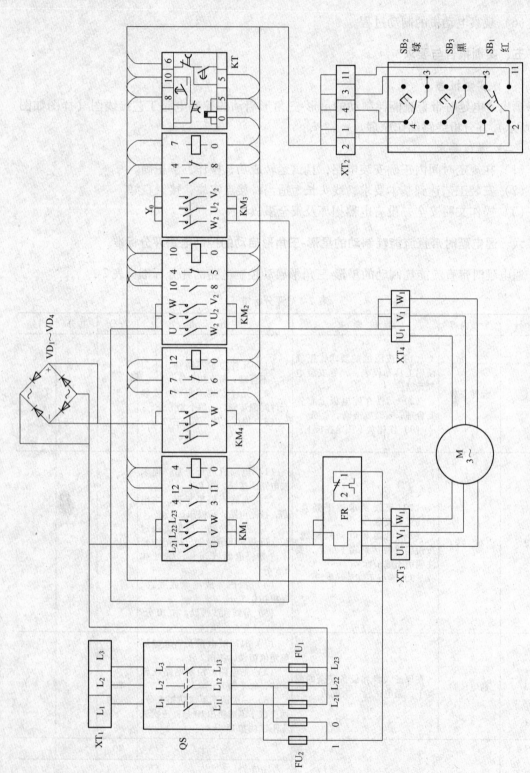

图 2-2　通电延时带直流能耗制动的星形-三角形启动控制电路工艺接线图

实训三　断电延时带直流能耗制动的星形-三角形启动控制电路

一、实训目的

（1）掌握三相异步电动机断电延时带直流能耗制动星形-三角形启动控制的方法。
（2）熟悉常见的低压电器，掌握时间继电器整定时间的调整方法。
（3）培养电气线路安装操作能力。

二、设备和器件

电动机控制线路接线练习板（已安装好相应电器）　　　　1 块
电工常用工具　　　　　　　　　　　　　　　　　　　　1 套
试车用三相异步电动机（JW6314　180W　380V）　　　　1 台
BVR 导线（1.5mm²、1.0mm²）　　　　　　　　　　　　若干

三、控制原理概述

断电延时带直流能耗制动的星形-三角形启动控制电路如图 3-1 所示。

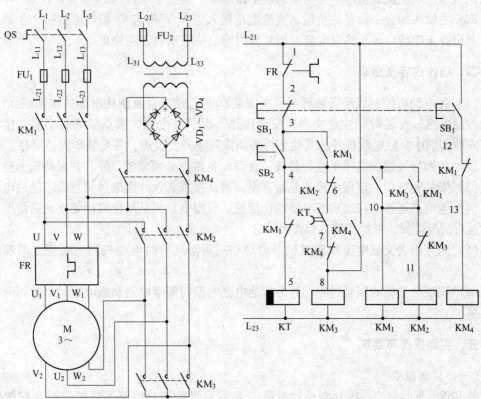

图 3-1　断电延时带直流能耗制动的星形-三角形启动控制电路

电路经认真检查确认无误后,接入三相交流电源。合上 QS,用验电笔检测。按下 SB$_2$。

（1）电动机进行星形降压启动（KM$_1$ 线圈得电、KM$_3$ 线圈得电）。

KT 线圈得电→KT 常开触头瞬间闭合（断电则延时 3～5s 断开）→KM$_3$ 线圈得电→KM$_3$ 常开触头闭合→KM$_1$ 线圈得电→KM$_1$ 两对常开触头分别对按钮和线圈进行自锁控制→KM$_1$ 主触头闭合→将三相交流电源送到电动机定子绕组的始端（即绕组的头）。

KM$_3$ 主触头闭合→将电动机定子绕组的末端（即绕组的尾）进行星形连接→电动机进行星形降压启动。

KM$_3$ 常闭触头断开→对 KM$_2$ 进行联锁。

（2）电动机进行三角形全压运行（KM$_1$ 线圈得电、KM$_2$ 线圈得电）。

KM$_1$ 常闭触头断开→KT 线圈失电→KT 常开触头延时 3～5s 断开→KM$_3$ 线圈失电→KM$_3$ 常闭触头恢复闭合 →KM$_3$ 主触头断开→Y 点连接断开→电动机脱离星形运行。

KM$_3$ 常闭触头闭合→KM$_2$ 线圈得电→KM$_2$ 主触头闭合→将电动机定子绕组换接成三角形连接方式→实现三角形全压运行。

KM$_2$ 常闭触头断开→对 KM$_3$ 进行联锁。

（3）电动机停转能耗制动过程（KM$_3$ 线圈得电、KM$_4$ 线圈得电）。

按下 SB$_1$→SB$_1$ 常闭触头断开→KM$_1$、KM$_2$ 线圈失电→KM$_1$、KM$_2$ 常开触头和常闭触头恢复原态→电动机断电。

SB$_1$ 常开触头闭合→KM$_4$ 线圈得电→KM$_4$ 常开触头闭合→KM$_3$ 线圈得电→KM$_3$ 主触头将电机绕组尾端连接成星形→为电动机制动做准备。

KM$_4$ 主触头闭合→将整流桥输出直流电压接入电机 V 相与 W 相绕组头→产生静止磁场,利用静止磁场与转子感应电流的相互作用而迫使电动机迅速停止。

四、操作内容及要求

（1）在电动机控制线路安装练习板上安装断电延时带直流能耗制动的星形-三角形启动的控制电路。安装时要注意文明、安全操作,保护好电器,接点要安装牢靠、接触良好。安装实训中,除电动机外的其他元件必须排列整齐、合理,并安装牢固、可靠。

（2）板面导线敷设必须平直、整齐、合理,各接点必须紧密可靠,并保持板面整洁。

（3）安装完毕后,应仔细检查是否有误,确认接线无误并经老师同意后才能通电。

（4）通电试运转,仔细观察电器动作情况,观察电动机从星形启动切换到三角形运行时的运行情况差异,掌握正确的操作方法。

（5）用万用表交流电压挡测量星形启动和三角形运行时电动机同一相绕组两端的电压值。

（6）观察电动机的制动过程,并分析通电延时型时间继电器和断电延时型时间继电器的区别。

五、实训报告与要求

（一）实训报告

画出断电延时带直流能耗制动的星形-三角形启动的控制电路工艺接线图（样图如图 3-2 所示）并分析线路动作原理。

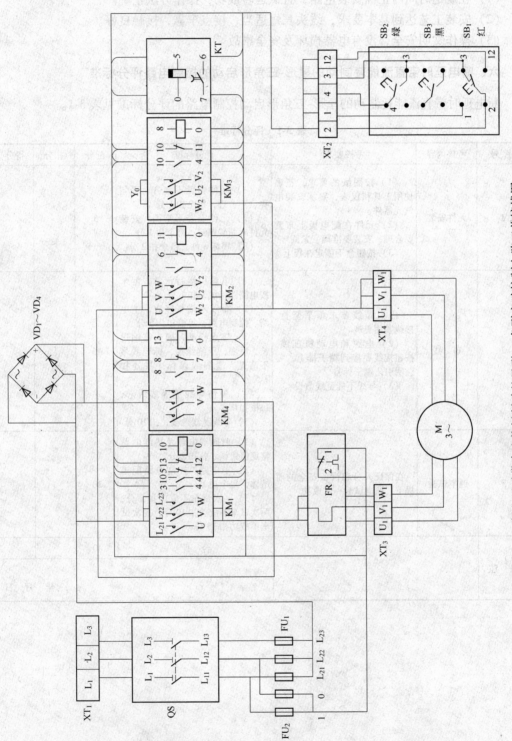

图 3-2 断电延时带直流能耗制动的星形-三角形启动控制电路工艺接线图

（二）考核要求

（1）在规定时间内正确安装电路，且试运转成功，操作方法正确。

（2）安装工艺达到基本要求，线头长短适当，接点牢靠，接触良好。

（3）操作文明安全，没有电器损坏及安全事故。

六、断电延时带直流能耗制动的星形-三角形启动的控制电路评分标准

断电延时带直流能耗制动的星形-三角形启动控制电路的评分标准见表3-1。

表 3-1　评分标准

序号	考核内容	考核要求	评分标准	配分	扣分	得分
1	元件安装	（1）按图纸的要求，正确使用工具和仪表，熟练安装电气元器件（2）元件在配电板上布置要合理，安装要准确、紧固（3）按钮盒不固定在板上	（1）元件布置不整齐、不匀称、不合理，每个扣1分（2）元件安装不牢固、安装元件时漏装螺钉，每个扣1分（3）损坏元件，每个扣2分	5		
2	布线	（1）布线要求横平竖直，接线紧固美观（2）电源和电动机配线、按钮接线要接到端子排上，要注明引出端子标号（3）导线不能乱线敷设	（1）电动机运行正常，但未按电路图接线，扣1分（2）布线不横平竖直，主电路、控制电路，每根扣0.5分（3）接点松动，接头露铜过长，反圈，压绝缘层，标记线号不清楚、遗漏或误标，每处扣0.5分（4）损伤导线绝缘或线芯，每根扣0.5分（5）导线乱线敷设，扣10分	15		
3	通电试验	在保证人身和设备安全的前提下，通电试验一次成功	（1）时间继电器及热继电器整定值错误，各扣2分（2）主电路、控制电路配错熔体，每个扣1分（3）一次试车不成功扣5分；两次试车不成功扣10分；三次试车不成功扣15分	20		
			合　计	40		
备注			考评员签字			年　月　日

实训四　三台电动机顺启、逆停控制线路

一、实训目的

（1）掌握三台电动机顺启、逆停的控制方法。
（2）熟悉常用低压器。
（3）培养电气线路安装操作能力。

二、设备和器件

电动机控制线路接线练习板（已安装好相应电器）	1 块
电工常用工具	1 套
试车用三相异步电动机（JW6314　180W　380V）	3 台
BVR 导线（1.5mm^2、1.0mm^2）	若干

三、控制原理概述

三台电动机顺启、逆停控制线路如图 4-1 所示。图中，KT_1、KT_2 为通电延时时间继电器，KT_3、KT_4 为断电延时时间继电器。KT_1、KT_3 整定时间为 5s，KT_2、KT_4 整定时间

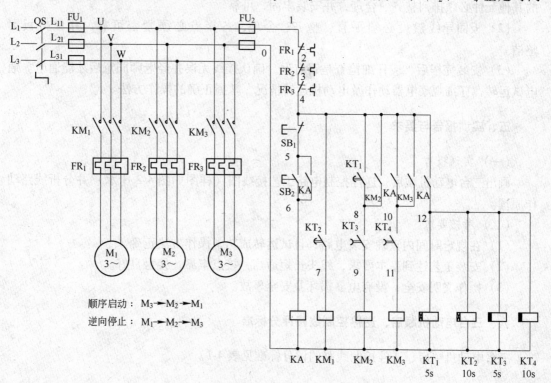

图 4-1　三台电动机顺启、逆停控制线路

为 10s。

（1）顺向启动：$M_3 \to M_2 \to M_1$。

按下 $SB_2 \to KA$ 线圈得电 $\to KA$ 常开触头闭合 $\to KT_1 \sim KT_4$ 线圈得电 $\to$ 此时 KT_4 断电延时触头闭合 $\to KM_3$ 线圈得电 $\to KM_3$ 主触头闭合，M_3 电动机运转，同时自锁触头闭合。

另外，KT_3 断电延时触头闭合 $\to$ 经过延时 5s，KT_1 得电延时触头闭合 $\to KM_2$ 线圈得电 $\to KM_2$ 主触头闭合 $\to KM_2$ 辅助触头闭合自锁 $\to M_2$ 电动机运转。

再经过 5s $\to KT_2$ 得电延时触头闭合 $\to KM_1$ 线圈得电 $\to KM_1$ 主触头闭合 $\to M_1$ 电动机运转。

（2）逆向停止：$M_1 \to M_2 \to M_3$。

按下 $SB_1 \to KA$ 线圈失电 $\to KA$ 自锁触头断开 $\to KT_1 \sim KT_4$ 线圈失电 $\to KT_2$ 延时触头断开 $\to KM_1$ 线圈失电 $\to M_1$ 电动机停转，为 M_3 停车做好准备。

KT_1 延时触头断开 $\to$ 经过 5s $\to KT_3$ 延时触头断开 $\to KM_2$ 线圈失电 $\to M_2$ 电动机停转。

再经过 5s $\to KT_4$ 延时触头断开 $\to KM_3$ 线圈失电 $\to M_3$ 电动机停转。

四、操作内容及要求

（1）在电动机控制线路安装练习板上安装三台电动机顺启、逆停控制电路。安装时要注意文明安全操作，保护好电器，接点要安装牢靠，接触良好。安装实训中，除电动机外的其他元件必须排列整齐、合理，并安装牢固、可靠。

（2）板面导线敷设必须平直、整齐、合理，各接点必须紧密可靠，并保持板面整洁。

（3）安装完毕后，应仔细检查是否有误，确认接线无误并经老师同意后才能通电。通电试运转，仔细观察电器动作及电动机运转情况，掌握正确的操作方法。

五、实训报告与要求

（一）实训报告

画出三台电动机顺启、逆停控制电路工艺接线图（样图如图 4-2 所示）并分析线路动作原理。

（二）考核要求

（1）在规定时间内正确安装电路，且试运转成功，操作方法正确。

（2）安装工艺达到基本要求，线头长短适当，接点牢靠，接触良好。

（3）操作文明安全，没有电器损坏及安全事故。

六、三台电动机顺启、逆停控制线路评分标准

三台电动机顺启、逆停控制线路的评分标准见表 4-1。

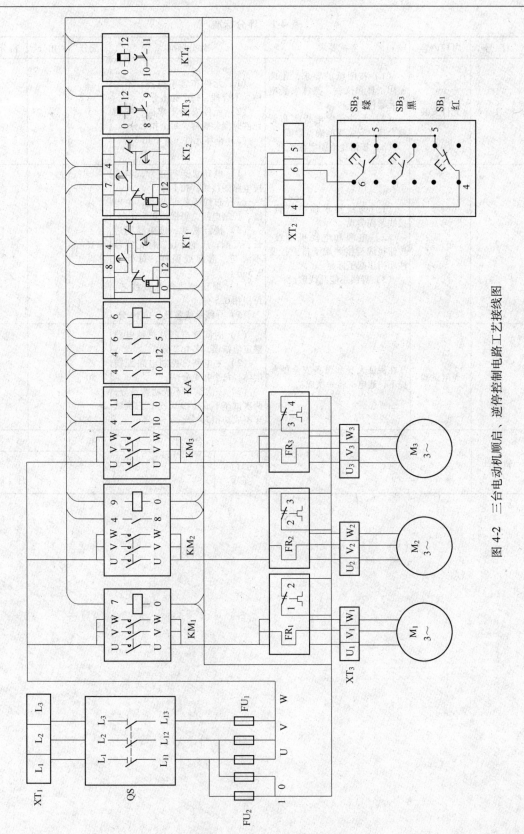

图 4-2 三台电动机顺启、逆停控制电路工艺接线图

表 4-1　评分标准

序　号	考核内容	考核要求	评分标准	配分	扣分	得分
1	元件安装	（1）按图纸的要求，正确使用工具和仪表，熟练安装电气元器件 （2）元件在配电板上布置要合理，安装要准确、紧固 （3）按钮盒不固定在板上	（1）元件布置不整齐、不匀称、不合理，每个扣1分 （2）元件安装不牢固、安装元件时漏装螺钉，每个扣1分 （3）损坏元件，每个扣2分	5		
2	布　线	（1）布线要求横平竖直，接线紧固美观 （2）电源和电动机配线、按钮接线要接到端子排上，要注明引出端子标号 （3）导线不能乱线敷设	（1）电动机运行正常，但未按电路图接线，扣1分 （2）布线不横平竖直，主电路、控制电路，每根扣0.5分 （3）接点松动，接头露铜过长，反圈，压绝缘层，标记线号不清楚、遗漏或误标，每处扣0.5分 （4）损伤导线绝缘或线芯，每根扣0.5分 （5）导线乱线敷设，扣10分	15		
3	通电试验	在保证人身和设备安全的前提下，通电试验一次成功	（1）时间继电器及热继电器整定值错误，各扣2分 （2）主电路、控制电路配错熔体，每个扣1分 （3）一次试车不成功扣5分；两次试车不成功扣10分；三次试车不成功扣15分	20		
备　注			合　计	40		
			考评员 签字		年　月　日	

实训五　三速电动机自动变速控制线路

一、实训目的

（1）掌握三相异步电动机变级调速原理。
（2）掌握三速电动机自动变速的控制方法。
（3）培养电气线路安装操作能力。

二、设备和器件

电动机控制线路接线练习板（已安装好相应电器）　　　1 块
电工常用工具　　　1 套
试车用三速三相异步电动机　　　1 台
BVR 导线（$1.5mm^2$、$1.0mm^2$）　　　若干

三、控制原理概述

三速电动机自动变速控制线路如图 5-1 所示。KM_1 线圈得电时，电动机定子绕组接成三角形，三速电动机低速运行；KM_2 线圈得电时，电动机定子绕组接成星形，三速电动机中速运行；KM_3、KM_4 线圈得电时，电动机定子绕组接成双星形，三速电动机高速运行；KT_1 为通电延时时间继电器作低速到中速切换，整定时间为 5s；KT_2 为通电延时时间继电器作中速到高速切换，整定时间为 5s。

电路经认真检查确认无误后，接入三相交流电源。合上 QS，用验电笔检测。

（1）启动低速。

按下 SB_2→KA 线圈得电→KA 三对常开触头闭合自锁→KM_1、KT_1 线圈得电。

KM_1 主触头（四对）闭合→三相电源从 1U、1V、$1W_1$-$1W_2$ 进入三速电动机定子绕组中→三速电动机定子绕组接成三角形→三速电动机低速运行

KM_1 常闭触头断开→对 KM_2、KM_3、KM_4 进行联锁。

（2）中速运行。

KT_1 线圈得电动作→KT_1 延时断开常闭触头延时 5s 断开→KM_1 线圈失电→KM_1 常开触头断开、常闭触头闭合→三速电动机停止低速运行。

KT_1 延时常开触头闭合→KM_2、KT_2 线圈得电→KM_2 主触头闭合→三相电源从 2U、2V、2W 进入三速电动机定子绕组中→三速电动机定子绕组接成星形→三速电动机中速运行。

KM_2 常闭触头断开→对 KM_1、KM_3、KM_4 进行联锁。

（3）高速运行。

KT_2 线圈得电→KT_2 瞬时闭合常开触头闭合→确保中速和高速自动变速启动→控制电源自锁。

KT_2 延时 5s→KT_2 延时常闭触头断开→KM_2 线圈失电→KM_2 常开触头断开、常闭触头

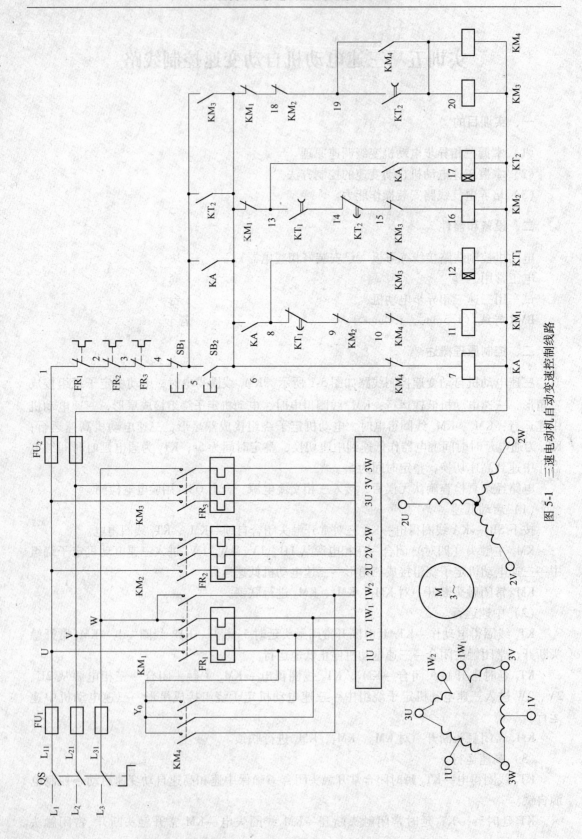

图 5-1　三速电动机自动变速控制线路

闭合→三速电动机停止中速运行。

KM_2 常闭触头、KT_2 常开触头闭合→KM_3、KM_4 线圈得电→KM_3、KM_4 主触头闭合→三相电源从 3U、3V、3W 进入三速电动机定子绕组中，同时 1U、1V、$1W_1$-$1W_2$ 通过 KM_4 的主触头并接→三速电动机定子绕组接成双星形→三速电动机高速运行。

KM_3 常闭触头断开→对 KM_2、KT_1 进行联锁；KM_4 常闭触头断开→对 KA、KM_1 进行联锁。

（4）停止。

按下 SB_1→KM_3、KM_4、KT_2 线圈失电→所有常开触头断开、常闭触头闭合→三速电动机停止运行。

四、操作内容及要求

（1）在电动机控制线路安装练习板上安装三速电动机自动变速控制线路。安装时要注意文明安全操作，保护好电器，接点要安装牢靠，接触良好。安装实训中，除电动机外的其他元件必须排列整齐、合理，并安装牢固、可靠。

（2）板面导线敷设必须平直、整齐、合理，各接点必须紧密可靠，并保持板面整洁。

（3）安装完毕后，应仔细检查是否有误，确认接线无误并经老师同意后才能通电。通电试运转，仔细观察电器动作及电动机运转情况，掌握正确的操作方法。

五、实训报告与要求

（一）实训报告

画出三速电动机自动变速控制线路工艺接线图（样图如图 5-2 所示）并分析线路动作原理。

（二）考核要求

（1）在规定时间内正确安装电路，且试运转成功，操作方法正确。

（2）安装工艺达到基本要求，线头长短适当，接点牢靠，接触良好。

（3）操作文明安全，没有电器损坏及安全事故。

六、三速电动机自动变速控制线路评分标准

三速电动机自动变速控制线路的评分标准见表 5-1。

表 5-1　评分标准

序　号	考核内容	考核要求	评分标准	配分	扣分	得分
1	元件安装	（1）按图纸的要求，正确使用工具和仪表，熟练安装电气元器件 （2）元件在配电板上布置要合理，安装要准确、紧固 （3）按钮盒不固定在板上	（1）元件布置不整齐、不匀称、不合理，每个扣1分 （2）元件安装不牢固、安装元件时漏装螺钉，每个扣1分 （3）损坏元件，每个扣2分	5		

序　号	考核内容	考核要求	评分标准	配分	扣分	得分
2	布　线	（1）布线要求横平竖直，接线紧固美观 （2）电源和电动机配线、按钮接线要接到端子排上，要注明引出端子标号 （3）导线不能乱线敷设	（1）电动机运行正常，但未按电路图接线，扣 1 分 （2）布线不横平竖直，主电路、控制电路，每根扣 0.5 分 （3）接点松动，接头露铜过长，反圈，压绝缘层，标记线号不清楚、遗漏或误标，每处扣 0.5 分 （4）损伤导线绝缘或线芯，每根扣 0.5 分 （5）导线乱线敷设，扣 10 分	15		
3	通电试验	在保证人身和设备安全的前提下，通电试验一次成功	（1）时间继电器及热继电器整定值错误，各扣 2 分 （2）主电路、控制电路配错熔体，每个扣 1 分 （3）一次试车不成功扣 5 分；两次试车不成功扣 10 分；三次试车不成功扣 15 分	20		
			合　计	40		
备　注			考评员 签字			年　月　日

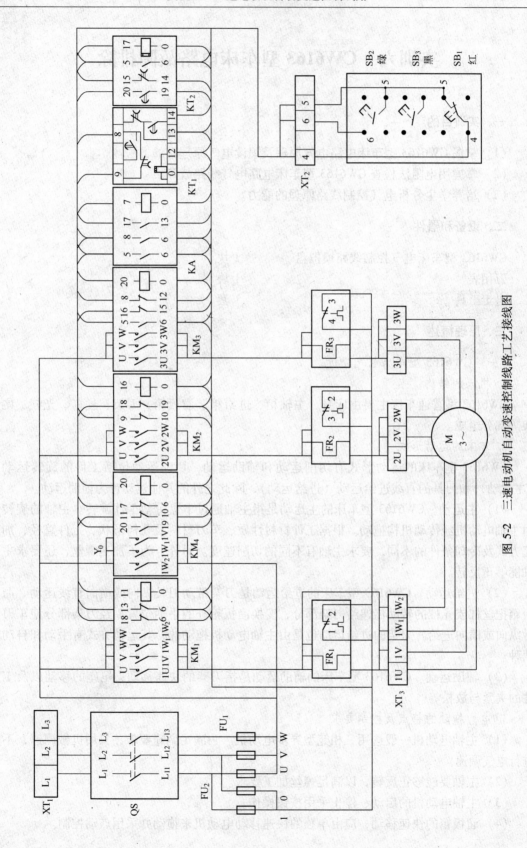

图 5-2　三速电动机自动变速控制线路工艺接线图

实训六 CW6163 型车床电路故障排除

一、实训目的

（1）掌握 CW6163 型车床电路电气原理及识读电气原理图的方法。

（2）掌握用电阻法检查 CW6163 型车床电路电气线路故障。

（3）培养学生分析电气控制线路原理的能力。

二、设备和器件

CW6163 型车床电气控制线路模拟盘	1 块
万用表	1 块
电工工具	1 套

三、原理概述

（一）CW6163 型车床电气分析

1. 机床的结构

CW6163 型普通车床主要由床身、主轴箱、进给箱、溜板箱、刀架、丝杠、光杠、尾架等部分组成。

2. 车床的运动形式

CW6163 型车床的运动形式有切削运动和辅助运动，切削运动包括工件的旋转运动（主运动）和刀具的直线进给运动（进给运动），除此之外的其他运动皆为辅助运动。

（1）主运动。CW6163 型车床的主运动是指主轴通过卡盘带动工件旋转。主轴的旋转由主轴电动机经传动机构拖动。根据工件材料性质、车刀材料及几何形状、工件直径、加工方式及冷却条件的不同，要求主轴有不同的切削速度。另外，为了加工螺丝，还要求主轴能够正反转。

（2）进给运动。CW6163 型车床的进给运动是刀架带动刀具纵向或横向直线运动。溜板箱把丝杠或光杠的转动传递给刀架部分，变换溜板箱外的手柄位置，经刀架部分使车刀做纵向或横向进给。刀架的进给运动也是由主轴电动机拖动的，其运动方式有手动和自动两种。

（3）辅助运动。CW6163 型车床的辅助运动是指刀架的快速移动、尾座的移动以及工件的夹紧与放松等。

3. 电力拖动的特点及控制要求

（1）主轴电动机一般选用三相笼型异步电动机。为满足调速要求，只用机械调速，不进行电气调速。

（2）主轴要能够正反转，以满足螺丝加工要求。

（3）主轴电动机的启动、停止采用按钮操作。

（4）溜板箱的快速移动，应由单独的快速移动电动机来拖动并采用点动控制。

（5）为防止切削过程中刀具和工件温度过高，需要用切削液进行冷却，因此要配有冷却泵。

（6）电路必须有过载、短路、欠压、失压等保护。

（二）CW6163 型车床的电气控制分析

CW6163 型车床的电气电路如图 6-1 所示。

1. 主轴电动机控制

主电路中的 M_1 为主轴电动机。

按下启动按钮 SB_2→KM_1 得电吸合→辅助触点 KM_1（4—5）闭合自锁，KM_1 主触头闭合→主轴电动机 M_1 正转启动，同时辅助触点 KM_1（4—12）闭合，为冷却泵启动做好准备。

按下启动按钮 SB_3→KM_2 得电吸合→辅助触点 KM_2（4—8）闭合自锁，KM_2 主触头闭合→主轴电动机 M_1 反转启动，同时辅助触点 KM_2（4—12）闭合，为冷却泵启动做好准备。

2. 冷却泵控制

主电路中的 M_2 为冷却泵电动机。

在主轴电动机启动后，KM_1 或 KM_2（4—12）闭合，按下启动按钮 SB_5→KM_3 得电吸合→辅助触点 KM_3（14—15）闭合自锁→冷却泵电动机启动，按下停止按钮 SB_4→KM_3 失电断开→冷却泵停止。

如果将主轴电动机停止，冷却泵也会自动停止。

3. 刀架快速移动控制

刀架快速移动电动机 M_3 采用点动控制，按下 SB_6，KM_4 吸合，其主触头闭合，快速移动电动机 M_3 启动，松开 SB_6，KM_4 释放，电动机 M_3 停止。

4. 照明和信号灯电路

接通电源，控制变压器输出电压，HL_1 直接得电发光，作为电源信号灯。

EL 为照明灯，将开关 SA 闭合，EL 亮，将 SA 断开，EL 灭。HL_2 为工作指示灯，主轴电动机工作时 HL_2 亮。

四、操作内容及要求

（1）在 CW6163 型车床电路实习板（如图 6-2 所示）上检修电气线路故障。

（2）CW6163 型车床电路实习板面导线敷设必须平直、整齐、合理，各接点必须紧密可靠，并保持板面整洁。

（3）实训中，在教师指导下，学生在 CW6163 型车床电气线路主电路、电气控制线路和照明电路中互设隐蔽故障。

（4）用电阻法检查 CW6163 型车床电路电气线路故障，掌握正确的操作方法。

（5）故障排除完毕，仔细检查确认无误后，经老师同意后才能离开。

五、实训报告与要求

（一）实训报告

（1）分析 CW6163 型车床电路的动作原理。

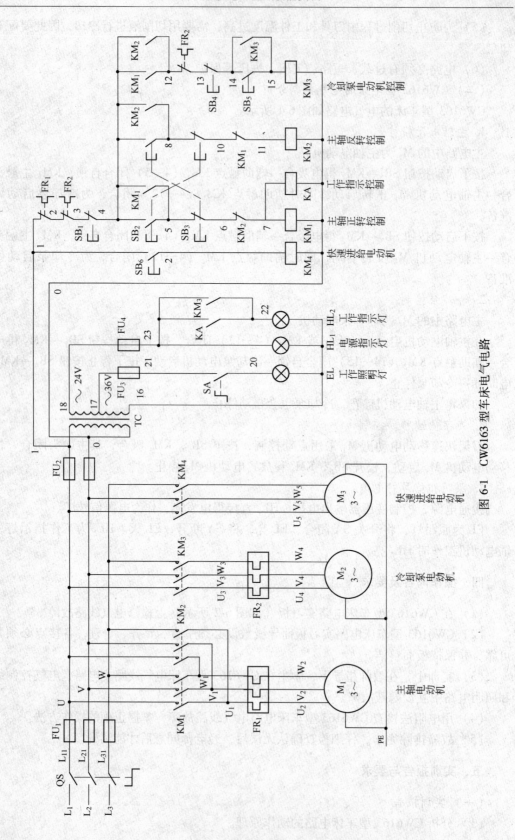

图 6-1　CW6163 型车床电气电路

图 6-2　CW6163 型车床电气故障模拟实训电路板

（2）根据故障现象，在 CW6163 型车床电路图上分析故障产生的可能原因，确定故障发生的范围。

（二）考核要求

（1）在规定时间内正确使用电工工具、万用表，检查 CW6163 型车床电路电气线路故障并排除故障，掌握正确的操作方法。

（2）故障排除完毕后，必须恢复故障点，工艺要达到基本要求，线头长短适当，接点牢靠，接触良好。

（3）操作文明安全，没有电器损坏及安全事故。

六、CW6163 型车床电路故障排除评分标准

CW6163 型车床电路故障排除的评分标准见表 6-1。

表 6-1　评分标准

序　号	考核内容	考核要求	评分标准	配分	扣分	得分
1	调查研究	对每个故障现象进行调查研究	排除故障前不进行调查研究，扣 2 分	2		
2	故障分析	在电气控制线路图上分析故障可能的原因，思路正确	（1）错标或标不出故障范围，每个故障点扣 3 分	6		
			（2）不能标出最小的故障范围，每个故障点扣 2 分	4		

序 号	考核内容	考核要求	评分标准	配分	扣分	得分
3	故障排除	正确使用工具和仪表，找出故障点并排除故障	（1）实际排除故障中思路不清楚，每个故障点扣 3 分	6		
			（2）每少查出一处故障点扣 3 分	6		
			（3）每少排除一处故障点扣 4 分	8		
			（4）排除故障方法不正确，每处扣 4 分	8		
4	其 他	操作有误，要从此项总分中扣分	（1）排除故障时，产生新的故障后不能自行修复，每个扣 10 分；已经修复，每个扣 5 分 （2）损坏电动机，扣 10 分			
备 注	（1）本实训故障数为 3 个，且故障不能设在电动机上 （2）考核内容中的"其他"项为扣分项，不单独配分 （3）本实训得分少于 20 分者，本次鉴定视为不合格		合　计	40		
			考评员签字			
					年　月　日	

实训七 常用电子元器件识别

一、实训目的

（1）了解常用电子元器件的性能特点、命名方法。
（2）掌握常用电子元器件的识别方法。
（3）掌握万用表的使用方法。
（4）学会用万用表检测二极管、三极管、晶闸管、单结晶体管、阻容元件等常用元器件。

二、设备和器件

半导体元件、阻容元件	1套
万用表	1块
电工工具	1套

三、操作内容及要求

（一）判定晶体二极管的正负极

晶体二极管具有单向导电的特性，其反向电阻远大于正向电阻。利用万用表电阻量程 $R \times 100$ 或 $R \times 1k$ 挡，可判定晶体二极管的正负极。测量时两支表笔分别接二极管的两个极，见图7-1。

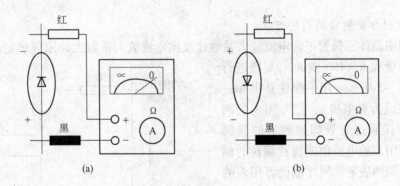

图 7-1 判定晶体二极管的正负极
（a）测正向电阻；（b）测反向电阻

若测出的电阻值为几百欧至几千欧，说明是正向电阻，这时黑表笔接的是二极管的正极，红表笔接的是二极管的负极。若电阻值为几十千欧至几百千欧以上，即为反向电阻。此时黑表笔接的是二极管的负极，红表笔接的是二极管的正极。

若测出的正、反向电阻值都很小或为零，说明管子已被击穿，两电极已短路；若测出的正、反向电阻值都很大，说明管子内部已断路。这两种情况下的二极管都不能使用。

（二）晶体三极管的简单测试

1. 管型和基极的判别方法

晶体三极管的符号与等效电路如图 7-2 所示。可以把晶体三极管看成是两个二极管来分析。用万用表电阻量程 $R \times 100$ 或 $R \times 1k$ 挡，将黑表笔接某一管脚，红表笔分别接另外两只管脚，测量两个电阻值，可判断晶体三极管的管型和基极。若两个电阻值均小时（几百欧至几千欧），黑表笔所接的管脚为 NPN 管的基极，管型是 NPN。若两个电阻中有一个较大，可将黑表笔另接一只管脚再试，直到两管脚测出的电阻均较小时为止。若两个电阻值均较大时（几十千欧至几百千欧以上），黑表笔所接的管脚为 PNP 管的基极，管型是 PNP。

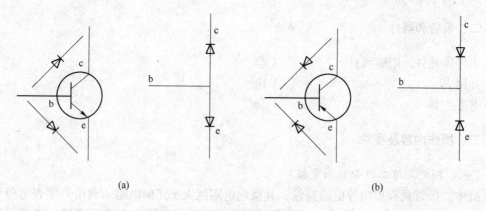

(a)　　　　　　　　　　　(b)

图 7-2　晶体三极管符号与等效电路
（a）NPN 管；（b）PNP 管

2. 集电极和发射极的判别方法

可以利用晶体三极管正向电流放大系数比反向电流放大系数大的原理确定集电极。用万用表电阻量程 $R \times 100$ 或 $R \times 1k$ 挡进行测量，如图 7-3 所示。用手捏住基极和一只管脚（假设为集电极），把万用表的两支表笔分别接到这只管脚和剩下的管脚上，测读万用表的电阻值或指针偏转的幅度，然后对调两表笔，同样测读万用表的电阻值或指针偏转的幅度。将手捏住基极和另一只管脚重复上述测量。在手捏住基极和发射极时所测得的读数都比较大。比较两次较小读数的大小，对于 NPN 管，

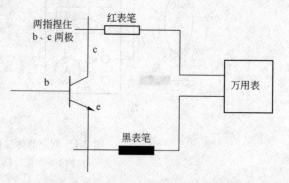

图 7-3　判断晶体三极管 c、e 两极的电路

电阻小（或指针偏转幅度大）的一次黑表笔所接的管脚为集电极；对于 PNP 管，电阻小（或指针偏转幅度大）的一次红表笔所接的管脚为集电极。

基极和集电极判定后剩下的一只管脚就是发射极了。

（三）晶闸管

晶闸管也称可控硅，它是用硅半导体材料做成的硅晶闸流管。晶闸管既有单向导电的整流作用，又有可控制的开关作用，可用微小的功率控制较大的功率，是一种可控整流元件。其符号和等效电路如图7-4所示。

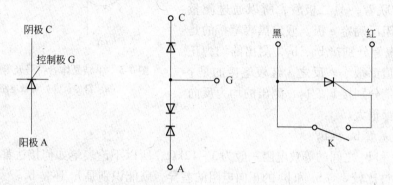

图7-4　晶闸管符号、等效电路及测试电路

1. 晶闸管的特性

（1）晶闸管正负极之间加反向电压时，不论控制极加何种极性电压，晶闸管均不会导通。

（2）欲使晶闸管从关断状态转为导通，必须同时具备两个条件：一是加正向阳极电压，二是加正向控制极电压。

（3）晶闸管一旦导通，控制极就失去控制作用。

（4）欲使晶闸管从导通状态转为关断的方法有三个：1）当阳极电压降低至一定值时，使晶闸管电流小于维持电流而关断；2）使晶闸管阳极电压短时为零；3）使晶闸管短时承受反向阳极电压。

（5）晶闸管关断时承受全部电源电压；导通后阳极与阴极间的管压降很小，只有1V左右。

2. 晶闸管三个电极的判定

由图7-4可见，阴极C与控制极G之间有一个PN结，而阳极A与控制极G之间有两个反极性串联的PN结。用万用表电阻量程$R \times 100$挡可判定三个电极。

方法是：黑表笔接某一电极，红表笔依次接另外两个电极，假如有一次电阻值很小，约几百欧，另一次阻值很大，约几千欧以上。在阻值小的那次测量中，黑表笔接的是控制极，红表笔接的是阴极C；阻值大的那一次，红表笔接的是阳极A。

3. 晶闸管触发能力的测量

用万用表电阻量程$R \times 1$挡可测量晶闸管的触发能力。用万用表黑表笔接晶闸管阳极，红表笔接阴极，表针应显示∞。当K合上时，表针指示阻值很小，表明晶闸管被触发导通。断开K，表针不回到∞，表示晶闸管是正常的。但有些晶闸管的维持电流较大，万用表的电流不足以维持晶闸管导通，当K断开后，表针会回到∞，这也是正常的。这时需要另加电压（正向阳极电压，正向控制极电压）。

（四）判定单结晶体管的电极

单结晶体管也称双基极二极管，是一种具有负阻特性的单结半导体器件。其符号和等效电路见图 7-5。用万用表电阻量程 $R \times 100$ 或 $R \times 1k$ 挡可判定单结晶体管的三个电极。

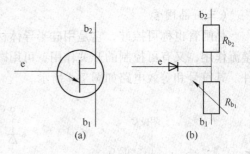

图 7-5　单结晶体管符号及等效电路
(a) 符号；(b) 等效电路

1. 判定发射极 e

发射极 e 与第一基极 b_1、第二基极 b_2 之间等效于串联着一只二极管，所以通过测量正、反向电阻可确定 e 极。假定黑表笔接的是 e 极，用红表笔分别接 b_1、b_2，测出的均为正向电阻，阻值都很小。反之，红表笔接的是 e 极，用黑表笔分别接 b_1、b_2，测出的均为反向电阻，阻值都很大。

2. 判定基极 b_1 和 b_2

因为 b_1 和 b_2 之间的等效电阻一般为 $3 \sim 12k\Omega$，所以不论表笔如何接法都无法识别 b_1 和 b_2。但通过比较 e 对 b_1 和 b_2 的正向电阻的差异，就能识别是 b_1 还是 b_2。大多数单结管的分压比 $\eta = R_{b1} / (R_{b1} + R_{b2}) > 0.5$，e 极通常靠近 b_2。因此用万用表电阻量程 $R \times 100$ 或 $R \times 1k$ 挡测出的 e 对 b_1 的正向电阻应大于 e 对 b_2 的正向电阻。

（五）色码电阻的读数法

色码电阻是以色环来表示阻值，通常有四道色环，如图 7-6 所示。从左边数起，第一环表示十位数，第二环表示个位数，第三环表示乘数，第四环表示精度。以颜色所代表数值及乘数如表 7-1 所示。例如，第一环为红色、第二环为棕色、第三环为橙色、第四环为金色，则这个电阻值为 $(21 \times 10^3 \pm 21 \times 10^3 \times 5\%) \Omega$，也就是 $21 \times (1 \pm 5\%) k\Omega$。

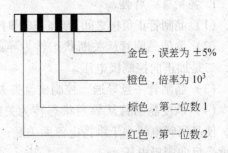

金色，误差为 $\pm 5\%$

橙色，倍率为 10^3

棕色，第二位数 1

红色，第一位数 2

图 7-6　电阻器的色环标注

表 7-1　色环数值

色　环	黑	棕	红	橙	黄	绿	蓝	紫	灰	白	金	银	无
第一环	0	1	2	3	4	5	6	7	8	9			
第二环	0	1	2	3	4	5	6	7	8	9			
第三环	10^0	10^1	10^2	10^3	10^4	10^5	10^6	10^7	10^8	10^9	10^{-1}	10^{-2}	
第四环	$\pm 2\%$										$\pm 5\%$	$\pm 10\%$	$\pm 20\%$

（六）电容的性能测量

图 7-7 所示为电解电容和陶瓷电容。

1. 估测电容的漏电电流

电容的漏电电流可用万用表电阻挡按测量电阻的方法来估测。黑表笔接电容的"＋"极，红表笔接电容的"－"极。当电容与表笔相接的瞬间，若指针迅速向右偏转很大的角度，然后慢慢摆回，待指针不动时，指示的电阻值越大，表明漏电电流越小；若指针向右偏转后不再摆回，说明电容击穿；若指针根本不向右偏转，说明电容内部断路或电解质已干涸失去容量。指针的偏转范围与电容容量的关系可参考表 7-2。

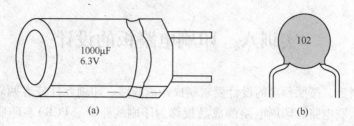

图 7-7 电解电容和陶瓷电容
（a）电解电容；（b）陶瓷电容

表 7-2 指针的偏转范围与电容容量

指针偏转范围 / 测量挡 \ 容量/μF	< 10	20 ~ 25	30 ~ 50	> 100
$R \times 100$	略有摆动	1/10 以下	2/10 以下	3/10 以下
$R \times 1k$	2/10 以下	3/10 以下	6/10 以下	7/10 以下

2. 判断电容的极性

上述测量电容漏电流的方法，还可用来鉴别电容的正、负极。对失掉正、负极标志的电解电容，可先假定某极为"＋"极，让其与万用表的黑表笔相接，另一个电极与万用表的红表笔相接，同时观察并记录指针向右偏转的幅度。将电容放电后，两只表笔对调，重新进行测量。两次测量中哪次测量指针最后停留的偏转幅度小，就说明该次测量中对电容的正、负极的假设是对的。

3. 估测电容量

一般来说，电解电容的实际容量与标称容量差别较大，特别是放置时间较久或使用时间较长的电容。利用万用表准确测量出其电容量是很难的，只能比较出电容量的相对大小。方法是测量电容的充电电流。测充电电流的接线方法与测漏电电流时的相同。指针向右偏转的幅度越大，表示电容容量越大。指针的偏转范围和容量可参考表 7-2。

四、实训报告与要求

（一）实训报告

写出用万用表检测二极管、三极管、晶闸管、单结晶体管、阻容元件等常用元器件的心得体会。

（二）考核要求

（1）在规定时间内正确使用电工工具、万用表检测电子元件，掌握正确的操作方法。

（2）操作文明安全。

实训八　印刷电路板的设计

在绝缘材料上，按照预定的设计要求制成印刷线路、印刷元件或者两者结合而成的导电图形，称为印刷电路。印刷电路的成品板称为印刷线路板（PCB）。印刷电路板是由设计人员根据电路原理图、逻辑图、元件表、文件表及一些技术要求，在绝缘基材的敷铜板上，用印刷的方法制成的电路，如图8-1所示。印刷电路的设计是现代电子设备、电子仪器和电子计算机中不可缺少的部分。印刷板的设计质量直接影响整机的技术性能指标。

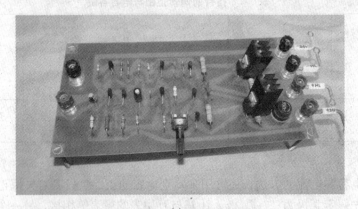

(a)

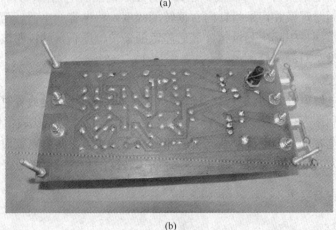

(b)

图 8-1　印刷电路板实物图
（a）印刷电路板正面；（b）印刷电路板反面

一、印刷电路板的设计基本原则

一个性能优良的电子产品，除选择高质量的元器件、合理的电路外，组件布局、电气连接方向和结构设计是决定它能否可靠工作的几个关键问题。对同一种组件和参数的电路，由于组件布局设计和电气连接方向的不同，会产生不同的结果。因而设计印刷电路板时，必须综合考虑印刷线路板组件布局、布线方向及整体工艺结构三方面因素。合理的工艺结构，既可消除因布线不当而产生的噪声干扰，同时又便于生产中的安装、调试与检修等工作。

印刷电路板的设计，首先需要对所选用元器件及各种插座的规格、尺寸和面积等进行全面了解。在部件的位置安排方面，主要是从电磁场兼容性、抗干扰的角度将元器件合理排列。走线方面要求走线短、交叉少，电源接地的路径及去耦等要符合要求。各部件位置定出后，根据原理图绘制 PCB 板，可以采用 Protel 或者 DXP 制图。

二、印刷电路板图设计应注意下列几点

（1）布线方向。在满足电路性能及整机安装与面板布局要求的前提下，印刷电路板焊接面组件的排列方位尽可能与原理图保持一致，布线方向最好与电路图走线方相同，便于生产过程的调试、各种参数的检测以及生产中的检查、调试和检修。

（2）管脚排列顺序、组件脚间距要合理。各组件排列、分布要合理和均匀，力求符合整齐、美观并且结构严谨的工艺要求。电解电容最好布在印刷电路板的外侧，排列有序，电阻排成整列，IC 座的缺口最好全部朝一个方向，如向上或者向下，以免插芯片时芯片方向插反。印刷电路板上强电部分和弱电部分要分开布局。

（3）电阻、二极管的放置方式分为平放与竖放两种。

1）平放：在电路组件数量不多，而且电路板尺寸较大的情况下，一般采用平放。对于 0.25W 以下的电阻平放时，两个焊盘间的距离一般取 102.62mm；0.5W 的电阻平放时，两焊盘的间距一般取 12.7mm；二极管平放时，1N400X 系列整流管，一般取 7.62mm；1N540X 系列整流管，一般取 10.16 ~ 12.7mm。

2）竖放：在电路组件数较多，而且电路板尺寸不大的情况下，一般采用竖放。竖放时两个焊盘的间距一般取 2.54 ~ 5.08mm。

（4）电位器及 IC 座的放置原则

1）电位器：在稳压器中电位器是用来调节输出电压的，因此设计电位器时，应满足顺时针调节时输出电压升高，逆时针调节时输出电压降低的要求。在可调恒流充电器中电位器用来调节充电电流的大小，因此设计电位器时，应满足顺时针调节时电流增大的要求。电位器安放的位置应当满足整机结构安装及面板布局的要求，因此应尽可能安放在电路板的边沿，旋转柄朝外。

2）IC 座的放置：设计印刷板图在需要使用 IC 座时，一定要将 IC 座上定位槽的方位放置正确，并且各个 IC 脚位要正确，例如，第 1 脚只能位于 IC 座的右下角或者左上角，而且紧靠定位槽（从焊接面看）。

（5）进出接线端的布置。

1）相关联的两条引线端距离不要太大，一般为 5.08 ~ 7.62mm 左右较合适。

2）进出线端尽可能集中在 1 ~ 2 个侧面，不要太过离散。

（6）合理布置电源滤波、去耦电容。一般在原理图中仅画出若干电源滤波、去耦电容，但未指出它们各自应接于何处。其实这些电容是为开关器件（如门电路）或其他需要滤波、去耦的器件设置的，因此布置这些电容就应尽量靠近这些元器件。距离越远，电容滤波、去耦的效果越差。

（7）设计时应力求走线合理。在满足电路性能要求的前提下，设计时应力求走线合理，少用外接跨线，并按一定的顺序要求走线，力求直观，便于安装、调试和检修。

（8）走线的讲究。设计布线图时，走线要尽量少拐弯，力求线条简单明了。有条件做宽的线绝不做细，强电线应圆滑，不得有尖锐的倒角，拐弯也不得采用直角。地线应尽量宽，最好使用大面积敷铜，这对接地点问题有相当的缓和作用。布线的宽窄和线条间距也要适中，电容器两焊盘的间距应尽可能与电容引线脚的间距相符。

（9）印刷电路板的固定与连接。设计产品时应考虑到安装的措施，固定孔处应留有足够的空间便于工具进出，防止碰伤附近的元件。印刷电路板上的地线可以通过金属螺栓与外壳相连。

（10）印刷电路板周围的布线。印刷电路板的周围一般安排地线和 +5V 的电源线。不用的板面可以留作地线用，这样可以增加屏蔽的效果，减少腐蚀液消耗以及腐蚀的时间。

三、铆钉电路板图的设计

铆钉电路板图的设计方法与印刷电路板图的设计方法类似。图 8-2 所示为铆钉电路板。

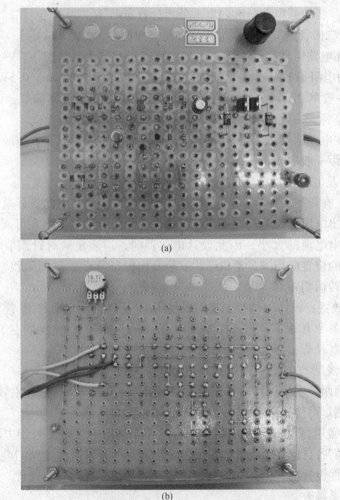

(a)

(b)

图 8-2　铆钉电路板实物图

（a）铆钉电路板正面；（b）铆钉电路板反面

实训九 电子电路焊接工艺

生产性能可靠的电子产品，除了选用优良的电子元器件外，还必须有先进的电子制造和电子装配工艺。印刷线路板是电子装配中的基本部件，焊接则是电子装配连接中广泛使用的方法。

一、手工焊接操作的基本方法

电烙铁的握法有三种，如图 9-1 所示。反握法动作稳定，适合长时间对大功率烙铁的操作。正握法适用于中等功率烙铁或带弯头电烙铁的操作。在操作台上焊印刷板等焊件时一般多采用握笔法。

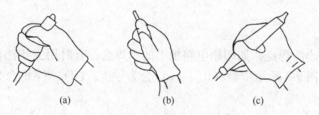

图 9-1 电烙铁的基本握法
（a）反握法；（b）正握法；（c）握笔法

焊锡丝一般有两种拿法，如图 9-2 所示。由于焊丝成分中，铅占一定比例，而铅是对人体有害的重金属，因此操作时应戴手套或操作后洗手。使用电烙铁要配置烙铁架，烙铁架一般放置在工作台右前方，电烙铁用后一定要稳妥地放置在烙铁架上，并注意导线等物体不要接触到烙铁头，以免绝缘体被烙铁烫坏而发生短路。

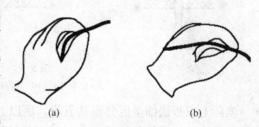

图 9-2 焊锡丝的拿法
（a）连续锡焊时焊锡丝的拿法；
（b）断续锡焊时焊锡丝的拿法

二、手工焊接操作的基本步骤

手工焊接的一般方法有五步法和三步法。焊接热容量较大的焊件时，常使用五步法，如图 9-3 所示。三步法适合于焊接热容量小的焊件。

（一）五步法

（1）准备施焊。准备好焊锡丝和烙铁。此时特别强调的是烙铁头要保持清洁才可以粘上焊锡（俗称吃锡）。

（2）加热焊件。烙铁接触焊接点时，首先要保持烙铁能加热焊件的各部分，例如，印刷板上引线和焊盘都能受热。其次要让烙铁头的扁平部分（较大部分）接触热容量较大的焊件，烙铁头的侧面或边沿部分接触热容量较小的焊件，以保证焊件受热均匀。

（3）熔化焊料。当焊件加热到能熔化焊料的温度时将焊丝置于焊点，焊料开始熔化并

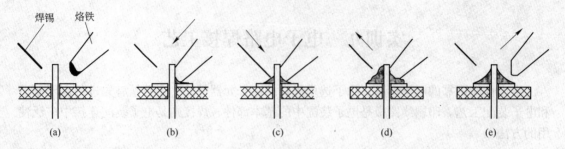

图 9-3　五步焊接法

（a）准备；（b）加热；（c）加焊锡；（d）去焊锡；（e）去烙铁

润湿焊点。

（4）移开焊锡。当熔化一定量的焊锡后将焊锡丝移开。

（5）移开烙铁。当焊锡完全润湿焊点后移开烙铁。注意，移开烙铁的方向应该与焊件成 45° 左右。

（二）三步法

对于热容量较小的焊点，如印刷电路板上的小焊盘，有时用三步法概括操作方法，如图 9-4 所示，即将图 9-3 所示步骤（b）、（c）合为一步，（d）、（e）合为一步。

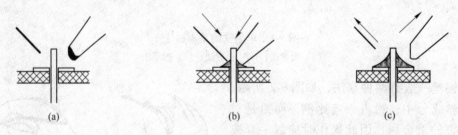

图 9-4　三步焊接法

（a）准备；（b）加焊锡；（c）去焊锡和烙铁

实际上三步法细微区分还是五步，所以五步法有普遍性，是掌握手工烙铁焊接的基本方法。各步骤之间停留的时间，对保证焊接质量至关重要，只有通过实践才能逐步掌握。焊接过程中对一般焊点而言大约停留 2～3s。

三、手工焊接操作技术的要点

在焊接过程中，除了要熟练掌握操作步骤外，还必须注意以下几个焊接要点。

（1）焊件表面的处理。一般焊件往往都需要进行表面清理工作，去除焊接面上的锈迹、油污和灰尘等影响焊接质量的杂质。手工操作中，常用机械刮磨和酒精或丙酮擦洗等简单易行的方法进行表面清理。

（2）保持烙铁头的清洁。因为焊接时烙铁头长期处于高温状态，又接触焊剂等受热分解的物质，其表面很容易氧化形成一层黑色杂质。这些杂质形成隔热层，使烙铁头失去加热作用。因此要随时在烙铁架上去除烙铁头上的杂质，常用的方法是用湿布或湿海绵随时擦拭烙铁头。

（3）温度的控制。如果为了缩短加热时间而采用高温烙铁焊接，则会带来一系列的问题：焊锡丝中的焊剂由于没有足够的时间在被焊面上漫流而过早挥发失效；焊料熔化速度过快影响焊剂作用的发挥；由于温度过高虽加热时间短也会造成过热的现象。因此要使烙铁头保持在合理的温度范围之内。理想的状态是在较低的温度下缩短加热时间，一般情况下以烙铁头温度比焊料熔化温度高 50℃为宜。

（4）烙铁头与焊件的接触位置。烙铁头与焊件的接触位置应该保证对两个焊件同时加热。

（5）焊锡量要合适。过量的焊锡不但耗费锡材料，而且延长了焊接时间，降低了工作效率。更为严重的是在高密度的电路中，过量的锡很容易造成不易察觉的短路。但焊锡过少就不能形成牢固地结合，降低焊点强度，特别是在板上焊导线时，焊锡不足往往造成导线脱落。

（6）不要过量使用焊剂。适量的焊剂是必不可少的，但不是越多越好。过量的焊剂不仅加大了焊后焊点周围的清洗工作量，而且延长了加热时间（焊剂融化、挥发需要并带走热量），降低工作效率；而当加热时间不足时，又容易夹杂到焊锡中形成"夹渣"缺陷；对开关元件的焊接，过量的焊剂容易流到触点处，从而造成接触不良。合适的焊剂量应该是焊剂水刚刚浸湿将要形成的焊点，不要让焊剂水透过印刷板流到元件面或插座孔里（如 IC 插座）。对于使用松香芯的焊丝，基本不需要再涂焊剂。

（7）焊件要牢固。在焊锡凝固之前不要使焊件移动或振动，特别是在使用镊子夹住焊件时，一定要等焊锡凝固后再移开镊子。这是因为焊锡的凝固过程是结晶过程，根据结晶理论，在结晶期间受到外力（焊件移动）会改变结晶条件，导致晶体粗大，造成所谓的"冷焊"。其外观现象是表面无光泽呈豆渣状，焊点内部结构疏松，容易有气隙和裂隙，造成焊点强度降低，导电性能差。因此，在焊锡凝固前一定要保持焊件静止，实际操作时可以用各种适宜的方法将焊件固定，或采取可靠的夹持措施。

（8）烙铁撤离有讲究。烙铁撤离要及时。烙铁撤离时的角度和方向对焊点的形成有一定的关系，不同的撤离方向对焊接有不同的影响。撤烙铁时轻轻旋转一下，可以使焊接点更加光滑和牢固，这需要在实际操作中渐渐体会。

图 9-5 所示为铆钉电路板焊接工艺实物。

(a)

(b)

图 9-5　铆钉电路板焊接工艺实物图
（a）铆钉电路板正面工艺；（b）铆钉电路板反面工艺

实训十　电子元器件的装配工艺

一、电子元器件装配工艺流程

印刷电路板上的电子元器件组装采用了不同的组装工艺。常用的组装工艺有手工装配工艺和自动装配工艺，如图 10-1 所示。

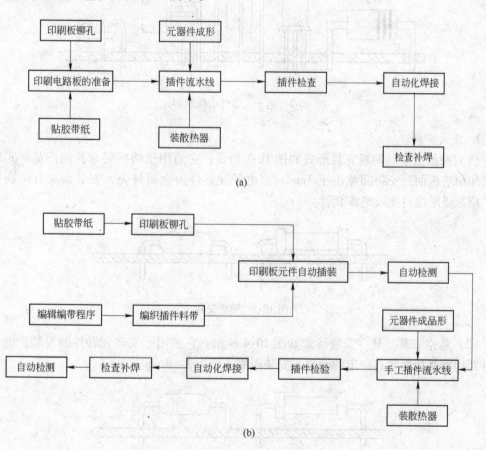

图 10-1　电子元器件的装配工艺流程
（a）手工插装工艺流程；（b）自动插装工艺流程

二、电子元器件在印刷电路板的安装方法

印刷电路板上插装电子元器件通常有两种方法，一是按电子元器件的类型、规格和电路信号的流向插装电子元器件，二是分区块插装各种规格的电子元器件。

第一种方法因电子元器件的品种、规格趋于单一，不易插错，但插装范围广、速度低。

第二种方法的插装范围小，操作者易熟悉电路的插装位置，插件差错率低，常用于大批量、多品种且产品更换频繁的生产线。

（一）直插形电子元器件的插装方法

直插形电子元器件在印刷电路板上的插装形式一般有卧式安装、垂直安装、倒装、横装及嵌入式安装等方法，如图10-2所示。根据印刷电路板的具体情况，可以选择不同的插装方法以满足装配的需要。

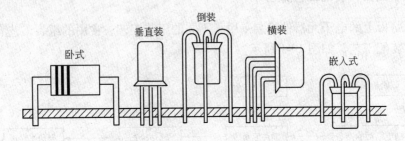

图 10-2　电子元器件的插装形式

1. 卧式安装

（1）贴板安装。贴板安装形式如图10-3所示，它适用于防振要求高的产品。元器件贴紧印刷基板面，安装间隙小于1mm。当电子元器件为金属外壳，安装面又有印刷导线时，应加垫绝缘衬垫或绝缘套管。

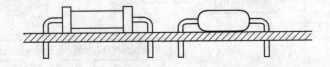

图 10-3　贴板安装

（2）悬空安装。悬空安装形式如图10-4所示，它适用于发热元器件的安装。电子元器件距印刷基板面要有一定的距离，安装距离一般为3~8mm。

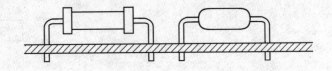

图 10-4　悬空安装

2. 垂直安装

垂直安装形式中电子元器件垂直于印刷基板面，如图10-5所示，它适用于安装密度较高的场合。但是，对于电子元器件体积较大，而且引脚线比较细小的元器件不宜采用这种安装形式。

3. 嵌入式安装

嵌入式安装形式如图10-6所示，其电子元器件的壳体埋于印刷基板的嵌入孔内。这种方式可提高电子元器件防振能力，降低安装高度。

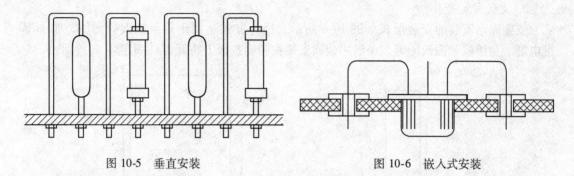

图 10-5　垂直安装　　　　　　　　　　图 10-6　嵌入式安装

4. 横装

横装适用于高度限制时的安装，其安装形式如图 10-7 所示。电子元器件安装高度的限制一般在图纸上标明，对不满足高度限制的电子元器件通常处理的方法是垂直插入后，再朝水平方向弯曲。对大型电子元器件要特殊处理，以保证有足够的机械强度，经得起振动和冲击。

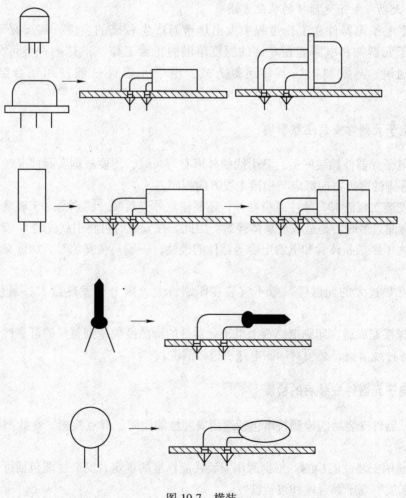

图 10-7　横装

5. 支架固定安装

支架固定安装的安装形式如图 10-8 所示，这种方式适用于重量较大的元件，如小型继电器、变压器和扼流圈等，一般用金属支架在印刷基板上将元器件固定。

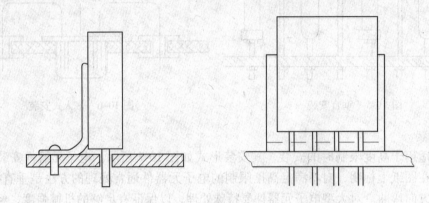

图 10-8　支架固定安装

（二）大功率电子元器件的装配方法

大功率电子元器件在工作过程中发出热量而产生较高的温度，需要采取散热措施以保证电子元器件和电路能在允许的温度范围内正常工作。散热的种类可分为自然散热、强迫通风、蒸发和换热器传递等方式。电子元器件一般使用铝合金材料的散热器。

三、电子元器件安装注意事项

（1）电子元器件插装好后，其引线的外形有弯头时，需要根据实际情况对弯脚进行处理。所有弯脚的弯折方向都应与铜箔走线方向相同。

（2）安装二极管时，除注意极性外，还要注意外壳封装。特别是对于玻璃壳体的二极管，引线弯曲过多时容易造成玻璃体碎裂。因此，在安装时可将引线先绕 1~2 圈再安装。

（3）为了区别晶体管和电解电容等器件的极性，一般是在安装时，加带有颜色的套管以示区别。

（4）发热过大的元器件一般不宜装在印刷板上，因为它发热量大，易使印刷板受热变形。

（5）焊接完成后，印刷电路板上电子元器件的清洁度关系到整机的可靠性，为了消除焊接面的各种残留物，必须对印刷电路板进行清洗。

四、电子元器件安装后的检测

电子元器件安装后的检测技术包括通用安装性能检测、焊点检测、在线测试和功能测试等。

（1）通用安装性能检测。根据通用安装性能标准的规定，安装性能包括可焊性、耐热性、抗挠强度、端子黏合度和可清洗性。

（2）焊点检测。印刷板焊点检测是非接触式检测，能检测接触式测试探针探测不到的部位。在 SMT 印刷电路板焊点质量检测中常应用激光红外检测、超声检测和自动视觉检测等技术。

（3）在线测试。在线测试是在没有其他电子元器件的影响下，对电子元器件逐点提供测试（输入）信号，在该电子元器件的输出端检测其输出信号。

（4）功能测试。功能测试是在模拟操作环境下，将电路板组件上的被测单元作为一个功能体，对其提供输入信号，按照功能体的设计要求检测输出信号。在线测试和功能测试都属于接触式检测技术。

实训十一　串联可调型直流稳压电路

一、实训目的

（1）熟悉串联可调型直流稳压电路的结构及工作原理。

（2）掌握串联可调型直流稳压电路的调试方法。

（3）掌握电路板的焊接方法。

二、设备与器件

示波器	1 台
万用表	1 块
二极管、三极管、电阻、电容	若干
电烙铁	1 把
镊子	1 把
铆钉电路板	1 块
焊锡、焊剂	若干
单相变压器	1 台

三、原理概述

（一）电路组成

串联可调型直流稳压电路如图 11-1 所示。变压器、$VD_1 \sim VD_4$、C_1 构成单相桥式整流电容滤波电路；V_1 是起调整输出电压作用的调整管；R_1、V_2 组成比较放大环节；R_2 和 VD_5 构成基准电压源；R_3、R_P、R_4 组成的分压电路构成取样环节。

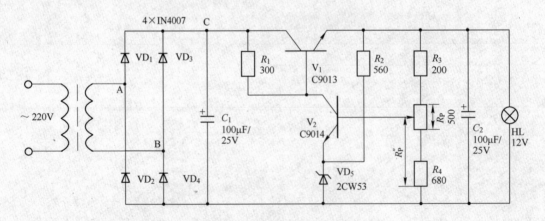

图 11-1　串联可调型直流稳压电路

（二）稳压原理

当电网电压波动或负载变化时都会引起输出电压 U_o 的变化。例如，当电网电压升高时，会导致输出电压升高，经取样电路分压后，反馈到放大管 V_2 的基极，使 $U_{B2}\left(=\dfrac{R_3+R''_P}{R_3+R_P+R_4}U_0\right)$ 升高，U_{B2} 与稳压管提供的基电压 U_{D5} 进行比较，比较结果是 U_{BE2} 增大，经 V_2 放大后，$U_{C1}=U_{B1}$ 下降，使调整管 V_1 的 U_{BE1} 下降，则 V_1 的管压降 U_{CE1} 增大，从而使输出电压 U_0 下降，接近原有值。由此可见电路的稳压过程是负反馈自动调节的，使 U_0 趋于稳定。电路的调节过程表示为：

$$U_0\uparrow\ \rightarrow U_{B2}\uparrow\ \rightarrow I_{C2}\uparrow\ \rightarrow U_{C2}(U_{B1})\downarrow\ \rightarrow U_{CE1}\uparrow\ \rightarrow U_0(U_{E1})\downarrow$$

四、操作内容和要求

（一）串联可调型直流稳压电路组装

（1）对照串联可调型直流稳压电路图清点元件的数量，检查元件的规格型号。

（2）用万能表对所用元件进行检查测试，判断是否合格。

（3）将元器件放置在铆钉电路板的正确位置上。

（4）将元件的引线、管脚搪锡后逐个就位装接，焊点要圆整光滑，无虚焊、漏焊。将多余引线管脚剪掉，保持铆钉电路板整洁美观。

（二）容易出现的问题和解决方法

（1）对元件管脚折弯时，不能靠近根部，不要重复弯曲或折弯过死，以免折断。

（2）虚焊是焊接元件时常出现的问题，为防止虚焊，将引线做搪锡处理。

（3）焊接时加热时间过长会造成元件损坏，焊好后将残留焊剂擦净。

（4）通电测试时，如发现元件过热或有异常现象时，应立即停电，进行检查，排除故障。

（三）串联可调型直流稳压电路的调试

（1）按图 11-1 连接电路，检查无误后再接通电源。

（2）用示波器测试串联可调型直流稳压电路各点的波形，并画出测量波形。

1）测 AB 间的波形。

2）断开电容 C_1 测 C 点的波形。

（3）测试串联可调型直流稳压电路的电压范围。

1）调节 R_P 测出 U_{0max}。

2）调节 R_P 测出 U_{0min}。

五、实训报告和考核标准

（1）画出串联可调型直流稳压电路铆钉电路板接线图（样图如图 11-2 所示）。

（2）分析串联可调型直流稳压电路的工作原理。

（3）叙述操作过程中出现的问题并说明原因。

（4）装接前要先检查元器件的好坏，核对元件数量和规格。

（5）在规定时间内，按图纸的要求进行正确熟练地安装，正确连接仪器与仪表，并能正确进行调试。

（6）正确使用工具和仪表，装接质量要可靠，装接技术要符合工艺要求。

（7）操作安全文明。

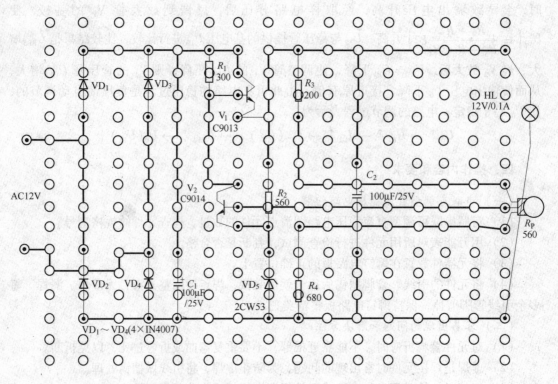

图 11-2　串联可调型直流稳压电路铆钉电路板接线图

六、串联可调型直流稳压电路的评分标准

串联可调型直流稳压电路的评分标准见表 11-1。

表 11-1　评分标准

序　号	考核内容	考核要求	评分标准	配分	扣分	得分
1	按图焊接	正确使用工具和仪表，装接质量可靠，装接技术符合工艺要求	（1）布局不合理，扣 1 分 （2）焊点粗糙、拉尖、有焊接残渣，每处扣 1 分 （3）元件虚焊、气孔、漏焊、松动、损坏元件，每处扣 1 分 （4）引线过长、焊剂不擦干净，每处扣 1 分 （5）元器件的标称值不直观、安装高度不合要求，扣 1 分 （6）工具、仪表使用不正确，每次扣 1 分 （7）焊接时损坏元件，每个扣 2 分	20		
2	调试后通电试验	在规定时间内，使用仪器仪表调试后进行通电试验	（1）通电调试一次不成功扣 5 分；两次不成功扣 10 分；三次不成功扣 15 分 （2）调试过程中损坏元件，每个扣 2 分	20		
			合　计	40		
备　注		考评员签字			年　月　日	

实训十二　单相半控桥可控调压电路

一、实训目的

（1）熟悉单相半控桥可控调压电路的结构及工作原理。

（2）掌握单相半控桥可控调压电路调试的方法。

二、设备与器件

示波器	1 台
万用表	1 块
二极管、三极管、电阻、电容	若干
电烙铁	1 把
镊子	1 把
铆钉电路板	1 块
焊锡、焊剂	若干
单相变压器	1 台

三、原理概述及说明

（一）电路组成

单相半控桥可控调压电路如图 12-1 所示。变压器 TC、$VD_1 \sim VD_4$ 构成单相桥式整流电路，R_1 为限流电阻，$V_5 \sim V_6$ 组成稳压电路，供给振荡电路工作电压，以实现同步触发；单结晶体管 V_1 和三极管 V_2、电容 C_1 组成脉冲振荡电路；V_3、R_5、R_6 构成放大电路，其作用是提高控制灵敏度；VD_6、VD_7、VD_5 是放大器输入端钳位电路，使所加正向电压不超过两个二极管的管压降，反向所加电压不超过一个二极管的管压降；C_2 是滤波元件，同时吸收输入端的干扰信号；VD_8、VD_9、CT_1、CT_2 组成半控桥输出电路。

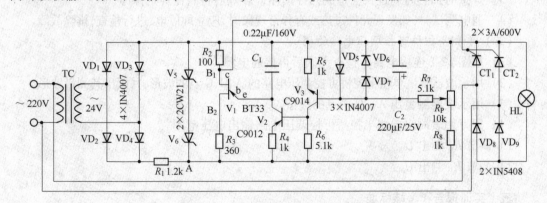

图 12-1　单相半控桥可控调压电路

（二）振荡电路原理

当 C_1 两端电压充到 V_1 的峰点电压 U_P 时，则 V_1 导通，单结晶体管 V_1 的电阻 R_{B1} 急剧减小，故电容 C_1 通过 E 极和 R_{B1} 向 R_2 进行放电，则放电电流在 R_2 上形成一个尖脉冲电压；当电容 C_1 电压下降到单结晶体管 V_1 的谷点电压 U_V 时，则单结晶体管 V_1 管变为截止，完成一次振荡。C_1 放电一旦结束，电容又重新充电，并重复上述过程。

在 C_1 上得到的是充放电形成的锯齿波电压，在 R_2 上得到一个周期性尖脉冲输出电压。

（三）控制过程

调节 R_P 可进行移相控制。改变 R_P 就改变了电容的充放电时间常数 τ，从而改变控制角 α 的大小，使得半控桥输出电压可调。

（1）当调节 R_P，使 R_P 阻值增大时，电路的调节过程表示为：

$U_{B3} \uparrow \rightarrow I_{B3} \uparrow \rightarrow I_{C3} \uparrow \rightarrow U_{CE3} \downarrow \rightarrow U_{B2} \downarrow \rightarrow I_{B2} \uparrow \rightarrow I_{C2} \uparrow \rightarrow \tau \downarrow \rightarrow \alpha \downarrow \rightarrow U_0 \uparrow$（HL 两端的电压）→输出电压平均值增大。

（2）当调节 R_P，使 R_P 阻值减小时，电路的调节过程表示为：

$U_{B3} \downarrow \rightarrow I_{B3} \downarrow \rightarrow I_{C3} \downarrow \rightarrow U_{CE3} \uparrow \rightarrow U_{B2} \uparrow \rightarrow I_{B2} \downarrow \rightarrow I_{C2} \downarrow \rightarrow \tau \uparrow \rightarrow \alpha \uparrow \rightarrow U_0 \downarrow$（HL 两端的电压）→输出电压平均值减小。

四、操作内容和要求

（一）单相半控桥可控调压电路组装

（1）对照单相半控桥可控调压电路图清点元件的数量，检查元件的规格型号。

（2）用万能表对所用元件进行检查测试，判断是否合格。

（3）将元器件放置在铆钉电路板的正确位置上。

（4）将元件的引线、管脚搪锡后逐个就位装接，焊点要圆整光滑，无虚焊、漏焊。将多余引线管脚剪掉，保持铆钉电路板整洁美观。

（二）容易出现的问题和解决方法

（1）对元件管脚折弯时，不能靠近根部，不要重复弯曲或折弯过死，以免折断。

（2）虚焊是焊接元件时常出现的问题，为防止虚焊，将引线做搪锡处理。

（3）焊接时加热时间过长会造成元件损坏，焊好后将残留焊剂擦净。

（4）通电测试时，如发现元件过热或有异常现象时，应立即停电，进行检查，排除故障。

（三）单相半控桥可控调压电路的调试

（1）按图 12-1 连接电路，检查无误后再接通电源。

（2）用示波器测试单相半控桥可控调压电路的 A、B、C 点的波形，并画出其测量波形。

（3）用示波器测量出 A、C 两点的极值。

（4）用万用表测出单相半控桥可控调压电路输出电压范围。

1）调节 R_P 测出 $U_{0\max}$。

2）调节 R_P 测出 $U_{0\min}$。

五、实训报告和考核标准

（1）画出单相半控桥可控调压电路铆钉电路板接线图（样图如图 12-2 所示）。

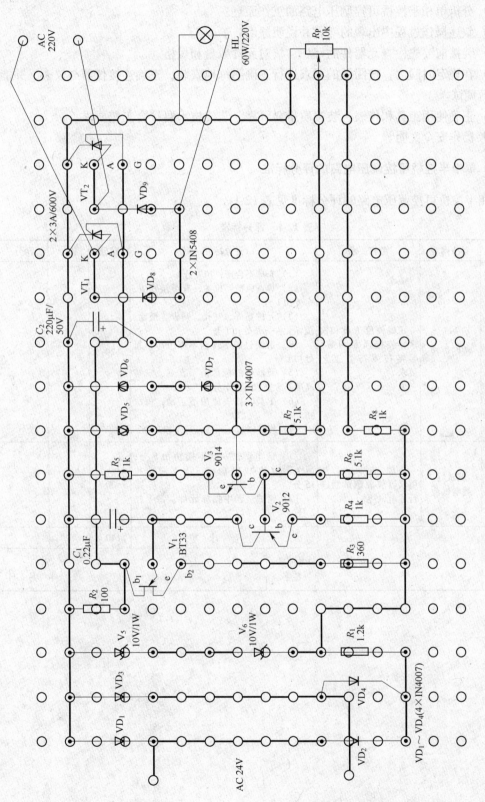

图 12-2　单相半控桥可控调压电路铆钉电路板接线图

（2）分析单相半控桥可控调压电路的工作原理。

（3）叙述操作过程中出现的问题并说明原因。

（4）装接前要先检查元器件的好坏，核对元件数量和规格。

（5）在规定时间内，按图纸的要求进行正确熟练地安装，正确连接仪器与仪表，并能正确进行调试。

（6）正确使用工具和仪表，装接质量要可靠，装接技术要符合工艺要求。

（7）操作安全文明。

六、单相半控桥可控调压电路的评分标准

单相半控桥可控调压电路的评分标准见表 12-1。

表 12-1 评分标准

序 号	考核内容	考核要求	评分标准	配分	扣分	得分
1	按图焊接	正确使用工具和仪表，装接质量可靠，装接技术符合工艺要求	（1）布局不合理，扣 1 分 （2）焊点粗糙、拉尖、有焊接残渣，每处扣 1 分 （3）元件虚焊、气孔、漏焊、松动、损坏元件，每处扣 1 分 （4）引线过长、焊剂不擦干净，每处扣 1 分 （5）元器件的标称值不直观、安装高度不合要求，扣 1 分 （6）工具、仪表使用不正确，每次扣 1 分 （7）焊接时损坏元件，每个扣 2 分	20		
2	调试后通电试验	在规定时间内，使用仪器仪表调试后进行通电试验	（1）通电调试一次不成功扣 5 分；两次不成功扣 10 分；三次不成功扣 15 分 （2）调试过程中损坏元件，每个扣 2 分	20		
备 注			合 计	40		
			考评员 签字			年 月 日

实训十三　*RC* 桥式正弦波振荡电路

一、实训目的

（1）熟悉桥式 *RC* 正弦波振荡电路的结构及工作原理。

（2）掌握正弦振荡电路的调试方法和测量频率的方法。

二、设备与器件

函数信号发生器	1 台
毫伏表	1 块
示波器	1 台
万用表	1 块
集成三端稳压 CW7806	1 块
二极管、三极管、电阻、电容	若干
电烙铁	1 把
镊子	1 把
铆钉电路板	1 块
焊锡、焊剂	若干
单相变压器	1 台

三、原理概述及说明

（一）电路组成

RC 桥式正弦波振荡电路如图 13-1 所示。变压器、$VD_1 \sim VD_4$、C_1、CW7806、C_2 构成稳压电路；V_1、V_2、$R_3 \sim R_{11}$ 及 $C_5 \sim C_8$ 组成的是两个分压式共射极放大电路，构成两级阻容耦合放大电路；R_P、C_{10} 组成负反馈网络，为电路引入负反馈，既改善输出波形又稳定输出电压幅度；R_1、R_2、C_3、C_4 是 *RC* 串并联选频网络，构成了电路的正反馈网络。由于

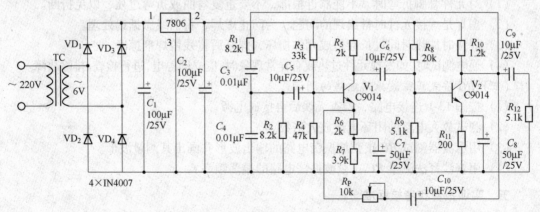

图 13-1　*RC* 桥式正弦波振荡电路

正负反馈电路构成电桥形式，所以这样振荡器又称 RC 桥式振荡器。

（二）振荡原理

1. 振荡条件

从 RC 选频网络可知：

（1）反馈网络的相移 $\Phi_F = 0$，而两级共发射极放大器的相位差为 2π，所以 RC 桥式振荡电路的总相移为 2π，相位平衡条件满足。

（2）反馈系数 $F = 1/3$，而两级共发射极放大器的电压放大倍数 $A \geqslant 3$，即可得到 $AF \geqslant 1$，所以 RC 桥式正弦波振荡电路振幅平衡条件也满足。

2. 振荡频率

RC 桥式振荡器的振荡频率就是使 RC 串并联电路相移为零的频率，即

$$\omega_0 = \frac{1}{RC} \quad \text{或} \quad f_0 = \frac{1}{2\pi RC}$$

振荡频率从几赫到几千赫。

（三）测量原理

将被测信号加在示波器的"Y 轴输入"端，其频率为 f_y；函数信号发生器的输出信号加在示波器的"X 轴输入"端，其频率为 f_x。用李沙育图形求被测信号频率的原理：在李沙育图上画一条垂直切割线 y 和一条水平切割线 x，使它们与图形交点最多，其交点数分别为 n_y 和 n_x，则被测信号频率 f_y 与函数信号发生器输出信号频率 f_x 之比 $f_y : f_x = n_x : n_y$，所以调节函数信号发生器输出正弦波信号的频率，在荧光屏上出现椭圆（或圆）图形时，有 $f_y : f_x = 1 : 1$ 即 $f_y = f_x$。

四、操作内容和要求

（一）RC 桥式正弦波振荡电路组装

（1）对照 RC 桥式正弦波振荡电路图清点元件的数量，检查元件的规格型号。

（2）用万能表对所用元件进行检查测试，判断是否合格。

（3）将元器件放置在铆钉电路板的正确位置上。

（4）将元件的引线、管脚搪锡后逐个就位装接，焊点要圆整光滑，无虚焊、漏焊。将多余引线管脚剪掉，保持铆钉电路板整洁美观。

（二）容易出现的问题和解决方法

（1）对元件管脚折弯时，不能靠近根部，不要重复弯曲或折弯过死，以免折断。

（2）虚焊是焊接元件时常出现的问题，为防止虚焊，将引线做搪锡处理。

（3）焊接时加热时间过长会造成元件损坏，焊好后将残留焊剂擦净。

（4）通电测试时，如发现元件过热或有异常现象时，应立即停电，进行检查，排除故障。

（三）RC 桥式正弦波振荡电路的调试

（1）按图 13-1 连接电路，检查无误后再接通电源。

（2）测试放大电路的闭环电压放大倍数。

（3）用示波器测试 RC 正弦波振荡电路的输出波形并画出其测量波形。

（4）用李沙育法测量 RC 正弦波振荡电路的振荡频率 f。

五、实训报告和考核标准

（1）画出 RC 桥式正弦波振荡电路铆钉电路板接线图（样图如图 13-2 所示）。

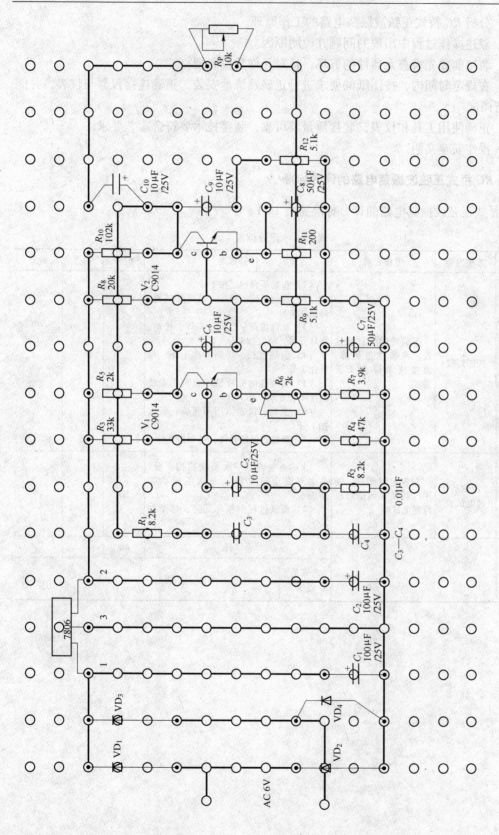

图 13-2　RC 桥式正弦波振荡电路铆电路板接线图

（2）分析 *RC* 桥式正弦波振荡电路的工作原理。

（3）叙述操作过程中出现的问题并说明原因。

（4）装接前要先检查元器件的好坏，核对元件数量和规格。

（5）在规定时间内，按图纸的要求进行正确熟练地安装，正确连接仪器与仪表，并能正确进行调试。

（6）正确使用工具和仪表，装接质量要可靠，装接技术要符合工艺要求。

（7）操作安全文明。

六、*RC* 桥式正弦波振荡电路的评分标准

RC 桥式正弦波振荡电路的评分标准见表 13-1。

表 13-1   评分标准

序　号	考核内容	考核要求	评分标准	配分	扣分	得分
1	按图焊接	正确使用工具和仪表，装接质量可靠，装接技术符合工艺要求	（1）布局不合理，扣 1 分 （2）焊点粗糙、拉尖、有焊接残渣，每处扣 1 分 （3）元件虚焊、气孔、漏焊、松动、损坏元件，每处扣 1 分 （4）引线过长、焊剂不擦干净，每处扣 1 分 （5）元器件的标称值不直观、安装高度不合要求，扣 1 分 （6）工具、仪表使用不正确，每次扣 1 分 （7）焊接时损坏元件，每个扣 2 分	20		
2	调试后通电试验	在规定时间内，使用仪器仪表调试后进行通电试验	（1）通电调试一次不成功扣 5 分；两次不成功扣 10 分；三次不成功扣 15 分 （2）调试过程中损坏元件，每个扣 2 分	20		
			合　计	40		
备　注			考评员 签字		年　月　日	

下篇 维修电工综合技能实训

维修电工综合技能实训突出知识延展性和综合能力的培养,锻炼学生独立思考、分析和解决问题的能力。教学组织过程中,要求学生自行查阅资料,自行设计,自己动手完成实训,自己进行工作原理分析,最后得出实训结论,并撰写出规范化的实训报告。

教学要求:指导教师侧重于实训过程的指导和实训结果的讲评。

实训十四 继电-接触式控制线路的设计、安装与调试

第一单元 双速交流异步电动机自动变速-反接制动控制线路

有一台生产设备用双速三相异步电动机拖动。双速三相异步电动机型号为 YD123M-4/2,铭牌为 6.5kW/8kW、三角/双星、13.8A/17.1A、1450/2880r/min。根据加工工艺,要求电动机自动切换运转,并且具有过载保护、短路保护、失压保护和欠压保护等功能,试设计出一个具有自动变速双速运转带反接制动的继电-接触式电气控制线路,并且进行安装与调试。

一、实训目的

(1)掌握继电-接触式控制线路的设计的方法。
(2)熟悉电气控制线路绘图方法。
(3)培养电气线路安装操作能力。

二、设备和器件

根据继电-接触式控制线路的设计要求选用以下设备和器件:

电动机控制线路接线练习板(已安装好相应电器)	1块
电工常用工具	1套
试车用双速三相异步电动机	1台
BVR 导线(1.5mm²、1.0mm²)	若干

三、设计步骤

(一)根据设计要求列出元件功能表
根据继电-接触式控制线路的设计要求列出功能表,见表14-1。

表 14-1　功能表

序号	设计要求	实现功能的器件	序号	设计要求	实现功能的器件
1	过载保护	热继电器 FR	4	低速控制	接触器 KM₁
2	短路保护	熔断器 FU₁、FU₂	5	自动变速	中间继电器 KA 时间继电器 KT
3	失压、欠压保护	QF（QS）低压断路器；所用接触器 KM₁、KM₂、KM₃、KM₄	6	高速控制	接触器 KM₂、KM₃
			7	反接制动	接触器 KM₄

KM_1 线圈得电→电动机定子绕组接成三角形→双速电动机低速运行。

KM_2、KM_3 线圈得电→电动机定子绕组接成双星形→双速电动机高速运行。

KT 为通电延时时间继电器作低速到高速切换，整定时间为 5s。

KM_4 线圈得电→电动机定子绕组接成三角形→双速电动机反接制动。

（二）根据设计要求说明电气控制原理

（1）双速电动机低速启动。

按下 SB_2→KM_1 线圈得电→KM_1 主触头闭合→三相电源从 U_1、V_1、W_1 进入双速电动机定子绕组中→双速电动机定子绕组接成三角形→双速电动机低速运行。

（2）双速电动机自动变速运行。

按下 SB_3→KA 线圈得电→KM_1 主触头闭合→三相电源从 U_1、V_1、W_1 进入双速电动机定子绕组中→双速电动机定子绕组接成三角形→双速电动机低速运行。

同时 KT 线圈得电动作→KT 延时断开常闭触头延时 5s 断开→KM_1 线圈失电→KM_1 常开触头断开、常闭触头闭合→双速电动机停止低速运行。

KT 延时常开触头闭合→KM_2、KM_3 线圈得电→KM_2 主触头闭合→三相电源从 U_2、V_2、W_2 进入双速电动机定子绕组中，同时 U_3、V_3、W_3 通过 KM_3 的主触头并接→双速电动机定子绕组接成双星形→双速电动机高速运行。

KM_1 常闭触头断开→对 KM_3、KM_4 进行联锁。

KM_2 常闭触头断开→对 KM_1、KA、KT 进行联锁。

KM_3 常闭触头断开→对 KM_1、KM_4 进行联锁。

（3）双速电动机反接制动。

按下 SB_1→KM_1、KM_2、KM_3、KA、KT 线圈失电，同时 KM_4 线圈得电→KM_4 主触头闭合→三相电源从 U_3、V_3、W_3 进入双速电动机定子绕组中→将双速电动机低速端反接→双速电动机反接制动停止运行。

（三）绘制出电气原理图

根据继电-接触式控制线路的要求和双速交流异步电动机自动变速-反接制动控制原理要求，绘制出电气原理图。设计参考原理图见图 14-1。

四、操作内容及要求

（1）电路设计：根据提出的电气控制要求，正确绘出电路图。

（2）元件安装：在电动机控制线路安装练习板上，按所给的材料和设计图纸的要求，正确利用工具和仪表，熟练地安装电气元件。元件在配线板上的布置要合理，除电动机外

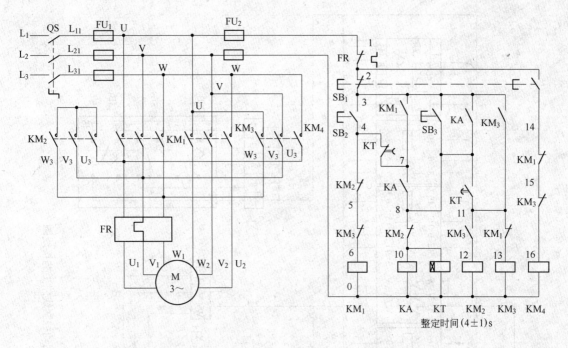

图 14-1　双速交流异步电动机自动变速-反接制动控制线路图

的其他元件必须排列整齐，并安装牢固、可靠。

（3）布线：接线要求美观、紧固、无毛刺，导线要进行线槽。电源和电动机配线、按钮接线要接到端子排上，进出线槽的导线要有端子标号，引出端要用别径压端子。

（4）安装完毕后，应仔细检查是否有误，确认接线无误并经老师同意后才能通电。通电试运转，仔细观察电器动作及电动机运转情况，掌握正确的操作方法。

五、实训报告与要求

（一）实训报告

（1）画出双速交流异步电动机自动变速-反接制动控制线路原理图及其工艺接线图（样图如图 14-2 所示）。

（2）分析双速交流异步电动机自动变速-反接制动控制线路工作原理。

（二）考核要求

（1）在规定时间内正确设计并安装电路，且试运转成功，操作方法正确。

（2）安装工艺达到基本要求，线头长短适当，接点牢靠，接触良好。

（3）操作文明安全，没有电器损坏及安全事故。

六、双速交流异步电动机自动变速-反接制动控制线路评分标准

双速交流异步电动机自动变速-反接制动控制线路的评分标准见表 14-2。

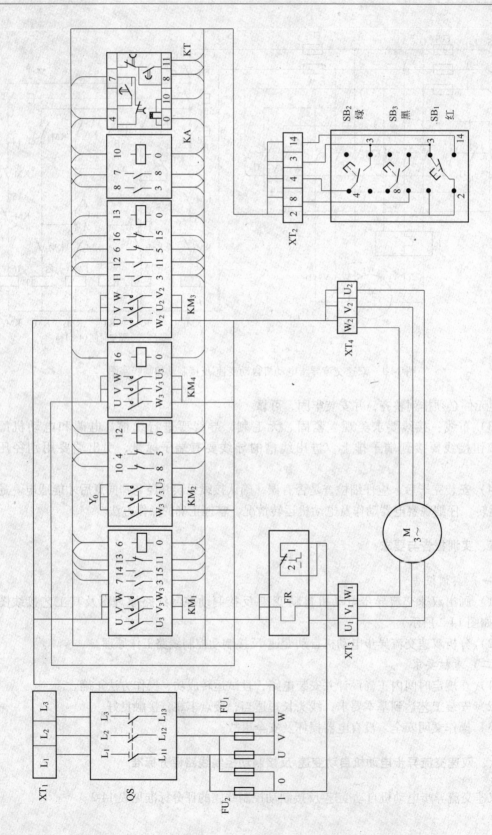

图 14-2　双速交流异步电动机自动变速-反接制动控制线路工艺接线图

表 14-2　评分标准

序号	考核内容	考核要求	评分标准	配分	扣分	得分
1	电路设计	按要求，正确设计、绘制电气原理图	（1）设计有错误，扣 8 分 （2）元件选择不合理，每处扣 2 分 （3）绘图不规范，每处扣 1 分	10		
2	元件安装	（1）按图纸的要求，正确使用工具和仪表，熟练安装电气元器件 （2）元件在配电板上布置要合理，安装要准确、紧固 （3）按钮盒不固定在板上	（1）元件布置不整齐、不匀称、不合理，每个扣 1 分 （2）元件安装不牢固、安装元件时漏装螺钉，每个扣 1 分 （3）损坏元件，每个扣 2 分	5		
3	布线	（1）布线要求横平竖直，接线紧固美观 （2）电源和电动机配线、按钮接线要接到端子排上，要注明引出端子标号 （3）导线不能乱线敷设	（1）电动机运行正常，但未按电路图接线，扣 1 分 （2）布线不横平竖直，主电路、控制电路，每根扣 0.5 分 （3）接点松动，接头露铜过长，反圈，压绝缘层，标记线号不清楚、遗漏或误标，每处扣 0.5 分 （4）损伤导线绝缘或线芯，每根扣 0.5 分 （5）导线乱线敷设，扣 6 分	10		
4	通电试验	在保证人身和设备安全的前提下，通电试验一次成功	（1）时间继电器及热继电器整定值错误，各扣 2 分 （2）主电路、控制电路配错熔体，每个扣 1 分 （3）一次试车不成功扣 5 分；两次试车不成功扣 10 分；三次试车不成功扣 15 分	15		
			合　计	40		
备注			考评员 签字			年　月　日

第二单元　通电延时星形-三角形启动带速度继电器控制半波整流能耗制动控制线路

有一台生产设备用三相异步电动机拖动。三相异步电动机型号为 Y112M-4，铭牌为 4kW、380V、11.5A、三角形。根据考核要求电动机进行星形-三角形启动，并且具有过载保护、短路保护、失压保护和欠压保护等功能，试设计出一个具有通电延时、星形-三角形启动运转带速度继电器控制半波整流能耗制动的继电-接触式电气控制线路，并且进行安装与调试。

一、设备和器件

根据继电-接触式控制线路的设计要求选用以下设备和器件：

电动机控制线路接线练习板（已安装好相应电器）	1 块
电工常用工具	1 套
试车用三相异步电动机	1 台
BVR 导线（1.5mm^2、1.0mm^2）	若干

二、设计步骤

（一）根据设计要求列出元件功能表

根据继电-接触式控制线路的设计要求列出功能表，见表 14-3。

表 14-3　功能表

序号	设计要求	实现功能的器件	序号	设计要求	实现功能的器件
1	过载保护	热继电器 FR	5	星形→三角形控制	时间继电器 KT
2	短路保护	熔断器 FU$_1$、FU$_2$			
3	失压、欠压保护	QF（QS）低压断路器；中间继电器 KA	6	三角形运行控制	接触器 KM$_1$、KM$_2$
4	星形启动控制	接触器 KM$_1$、KM$_3$	7	能耗制动控制	接触器 KM$_3$、KM$_4$，速度继电器 KS，二极管 VD

（二）根据设计要求说明电气控制原理

合上 QS→失压、欠压保护中间继电器 KA 线圈得电→KA 常开触头闭合→向控制电路供电。按下 SB$_2$。

（1）电动机进行星形降压启动。

KM$_1$ 线圈得电→KM$_1$ 常开触头闭合自锁→KM$_1$ 主触头闭合→将三相交流电源送到电动机定子绕组的始端（即绕组的头）。

KM$_3$ 线圈得电→KM$_3$ 主触头闭合→将电动机定子绕组的末端（即绕组的尾）进行星形连接→电动机进行星形降压启动→速度继电器常开触头 KS 闭合。

KM$_3$ 常闭触头断开→对 KM$_2$ 进行联锁。

（2）电动机进行三角形全压运行（KM$_1$ 线圈得电、KM$_2$ 线圈得电）。

KT 线圈得电 →延时 3～5s→KT 延时常闭触头断开→KM$_3$ 线圈失电→KM$_3$ 常闭触头恢复闭合→KM$_3$ 主触头断开→Y 点连接断开→电动机脱离星形运行。

KT 延时常开触头闭合→KM$_2$ 线圈得电→KM$_2$ 常开触头自锁→KM$_2$ 主触头闭合→将电动机定子绕组换接成三角形连接方式→实现三角形全压运行。

KM$_2$ 常闭触头断开→对 KM$_3$ 进行联锁。

（3）电动机停转能耗制动过程（KM$_3$ 线圈得电、KM$_4$ 线圈得电）。

按下 SB$_1$→SB$_1$ 常闭触头断开→KM$_1$、KM$_2$ 线圈失电→KM$_1$、KM$_2$ 常开触头和常闭触头恢复闭合→电动机断电。

SB$_1$ 常开触头闭合→KM$_4$ 线圈得电→KM$_4$ 常开触头闭合→KM$_3$ 线圈线得电→KM$_3$ 主触头将电动机绕组尾端连接成星形→为电动机制动做准备。

KM$_4$ 主触头闭合→将整流二极管 VD 输出直流电压接入电动机绕组中（U 相与 V 相并联再与 W 相串联）→产生静止磁场，利用静止磁场与转子感应电流的相互作用而迫使电动机迅速停止→速度继电器常开触头 KS 断开→KM$_4$ 线圈失电→能耗制动过程结束。

KM₄ 常闭触头断开→对 KM₁、KM₂、KT 进行联锁。

速度继电器 KS 的常开触头是为了防止电动机在能耗制动时，直流电压长时间通到电动机绕组中，起保护电动机的作用。

（三）绘制出电气原理图

根据继电-接触式控制线路的要求和通电延时星形-三角形启动带速度继电器半波整流能耗制动控制原理要求，绘制出电气原理图。设计参考原理图见图14-3。

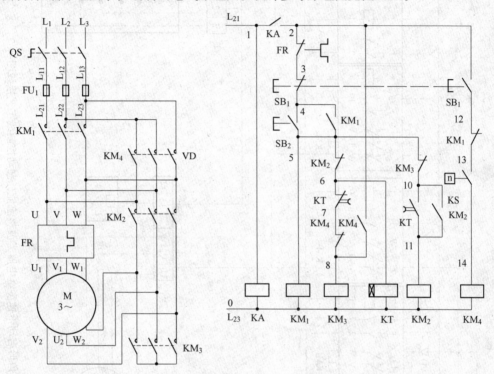

图 14-3　通电延时星形-三角形启动带速度继电器半波整流能耗制动控制线路图

三、操作内容及要求

（1）电路设计：根据提出的电气控制要求，正确绘出电路图。

（2）元件安装：在电动机控制线路安装练习板上，按所给的材料和设计图纸的要求，正确利用工具和仪表，熟练地安装电气元件。元件在配线板上的布置要合理，除电动机外的其他元件必须排列整齐，并安装牢固、可靠。

（3）布线：接线要求美观、紧固、无毛刺，导线要进行线槽。电源和电动机配线、按钮接线要接到端子排上，进出线槽的导线要有端子标号，引出端要用别径压端子。

（4）安装完毕后，应仔细检查是否有误，确认接线无误并经老师同意后才能通电。通电试运转，仔细观察电器动作及电动机运转情况，掌握正确的操作方法。

四、实训报告与要求

（一）实训报告

（1）画出通电延时星形-三角形启动带速度继电器控制半波整流能耗制动控制线路原理图及工艺接线图（样图如图14-4所示）。

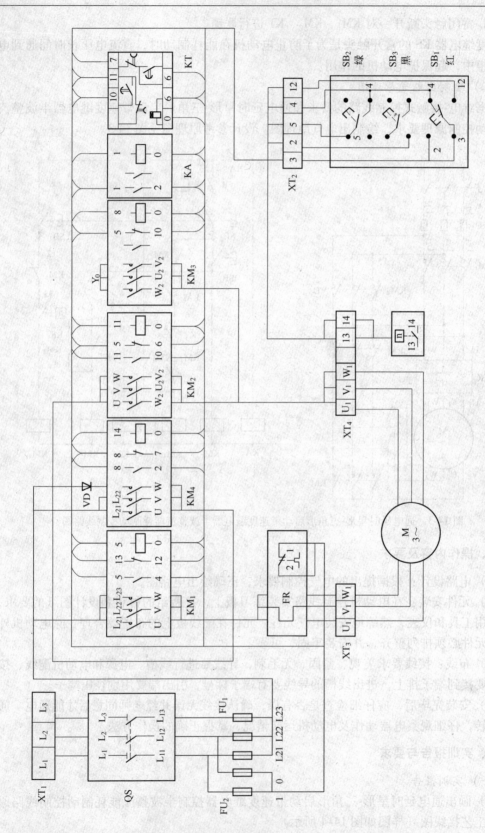

图 14-4　通电延时星形-三角形启动带速度继电器半波整流能耗制动控制线工艺接线图

（2）分析通电延时星形-三角形启动带速度继电器控制半波整流能耗制动控制线路工作原理。

（二）考核要求

（1）在规定时间内正确设计并安装电路，且试运转成功，操作方法正确。

（2）安装工艺达到基本要求，线头长短适当，接点牢靠，接触良好。

（3）操作文明安全，没有电器损坏及安全事故。

五、通电延时星形-三角形启动带速度继电器控制半波整流能耗制动控制线路评分标准

通电延时星形-三角形启动带速度继电器控制半波整流能耗制动控制线路的评分标准见表14-4。

表 14-4　评分标准

序　号	考核内容	考核要求	评分标准	配分	扣分	得分
1	电路设计	按要求正确设计、绘制电气原理图	（1）设计有错误，扣8分 （2）元件选择不合理，每处扣2分 （3）绘图不规范，每处扣1分	10		
2	元件安装	（1）按图纸的要求，正确使用工具和仪表，熟练安装电气元器件 （2）元件在配电板上布置要合理，安装要准确、紧固 （3）按钮盒不固定在板上	（1）元件布置不整齐、不匀称、不合理，每个扣1分 （2）元件安装不牢固、安装元件时漏装螺钉，每个扣1分 （3）损坏元件，每个扣2分	5		
3	布　线	（1）布线要求横平竖直，接线紧固美观 （2）电源和电动机配线、按钮接线要接到端子排上，要注明引出端子标号 （3）导线不能乱线敷设	（1）电动机运行正常，但未按电路图接线，扣1分 （2）布线不横平竖直，主电路、控制电路，每根扣0.5分 （3）接点松动，接头露铜过长，反圈，压绝缘层，标记线号不清楚、遗漏或误标，每处扣0.5分 （4）损伤导线绝缘或线芯，每根扣0.5分 （5）导线乱线敷设，扣6分	10		
4	通电试验	在保证人身和设备安全的前提下，通电试验一次成功	（1）时间继电器及热继电器整定值错误各扣2分 （2）主电路、控制电路配错熔体，每个扣1分 （3）一次试车不成功扣5分；两次试车不成功扣10分；三次试车不成功扣15分	15		
			合　计	40		
备　注			考评员 签字			年　月　日

第三单元　机械动力头电气控制线路

一、实训目的

（1）掌握继电-接触式控制线路设计的方法。
（2）熟悉电气控制线路绘图方法。
（3）培养电气线路安装操作能力。

二、设计任务和要求

本实训的设计任务是：将箱体移动式机械动力头安装在滑座上，由两台电动机作动力源：快速电动机通过丝杠进给装置实现箱体快速向前或向后移动，快速电动机端部装有制动电磁铁；主电动机带动主轴旋转，同时通过电磁离合器、进给机构实现一次或二次工作进给运动。试按图 14-5 所示的工作循环的电气原理图设计该箱体移动式机械动力头。要求如下：

（1）动力头由快进转工进时接通主轴电动机，当刀具退出工件后切断主轴电动机。
（2）一次工进时电磁离合器 YC_1 工作，二次工进时电磁离合器 YC_2 工作。
（3）电路应具备必要的联锁和保护环节。

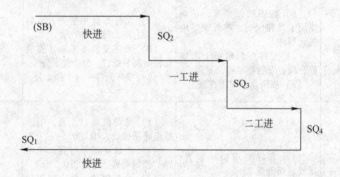

图 14-5　工作循环的电气原理图

三、设备和器件

根据继电-接触式控制线路的设计要求选用以下设备和器件：

电动机控制线路接线练习板（已安装好相应电器）　　　　1 块
电工常用工具　　　　　　　　　　　　　　　　　　　　1 套
试车用三相异步电动机　　　　　　　　　　　　　　　　2 台
BVR 导线（1.5mm²、1.0mm²）　　　　　　　　　　　　　若干

四、设计步骤

（一）根据设计要求列出元件功能表
根据继电-接触式控制线路的设计要求列出功能表，见表 14-5。

表 14-5　功能表

序号	设计要求	实现功能的器件	序号	设计要求	实现功能的器件
1	过载保护	热继电器 FR	7	动力头快速启动	SB_1
2	短路保护	熔断器 FU_1、FU_2	8	动力头由快进转一工进	限位开关 SQ_2、电磁离合器 YC_1
3	失压、欠压保护	QF（QS）低压断路器、所用接触器 KM_1、KM_2	9	一工进转二工进	限位开关 SQ_3、电磁离合器 YC_2
4	主轴电动机	M_2	10	一、二工进结束	限位开关 SQ_4
5	快进速电动机	M_1	11	动力头由工进转快进	限位开关 SQ_1
6	制动电磁铁	YB			

（二）根据设计要求说明电气控制原理

（1）动力头快速启动。

按下 SB_2→KM_1 线圈得电→KM_1 主触头闭合→制动电磁铁线圈 YB 得电→动力头快速移动电动机 M_1 运行→动力头实现进给。

（2）动力头由快进转一工进。

箱体移动式机械动力头碰到限位开关 SQ_2→SQ_{2-1} 常闭触头断开→KM_1 线圈失电→KM_1 主触头断开→制动电磁铁线圈 YB 失电→动力头快速移动电动机 M_1 迅速制动停止，同时 SQ_{2-2} 常开触头闭合→KM_2 线圈得电→KM_2 主触头闭合→主轴电动机 M_2 运转→电磁离合器 YC_1 工作→动力头由快进转一工进完成。

（3）动力头由一工进转二工进。

箱体移动式机械动力头碰到限位开关 SQ_3→SQ_{3-1} 常闭触头断开→电磁离合器 YC_1 失电停止工作，同时 SQ_{3-2} 常开触头闭合→电磁离合器 YC_2 工作→动力头由一工进转二工进完成。

（4）一、二工进结束。箱体移动式机械动力头碰到限位开关 SQ_4→SQ_{4-1} 常闭触头断开→电磁离合器 YC_2 失电停止工作→动力头一、二工进结束。

（5）刀具退出完成一次工作循环。

刀具退出碰到限位开关 SQ_1→SQ_{1-1} 常闭触头断开→KM_2 线圈失电→KM_2 主触头断开→主轴电动机 M_2 停止，同时 SQ_{1-2} 常开触头闭合→KM_1 线圈得电→KM_1 主触头闭合→制动电磁铁线圈 YB 得电→动力头快速移动电动机 M_1 运行→动力头完成一次工作循环。

（三）绘制出电气原理图

根据继电-接触式控制线路的要求和机械动力头电气控制原理要求，绘制出电气原理图。设计参考原理图见图 14-6。

五、操作内容及要求

（1）电路设计：根据提出的电气控制要求，正确绘出电路图。

（2）元件安装：在电动机控制线路安装练习板上，按所给的材料和设计图纸的要求，

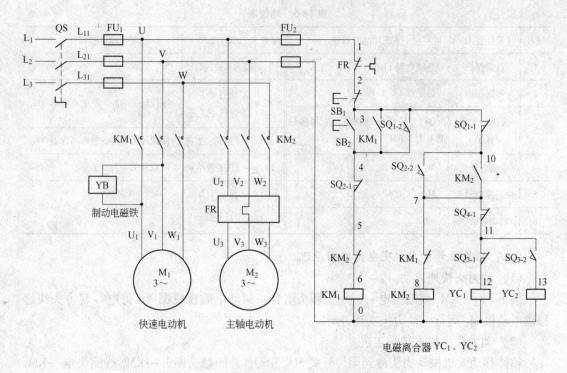

图 14-6　机械动力头电气控制线路

正确利用工具和仪表，熟练地安装电气元件。元件在配线板上的布置要合理，除电动机外的其他元件必须排列整齐，并安装牢固、可靠。

（3）布线：接线要求美观、紧固、无毛刺，导线要进行线槽。电源和电动机配线、按钮接线要接到端子排上，进出线槽的导线要有端子标号，引出端要用别径压端子。

（4）安装完毕后，应仔细检查是否有误，确认接线无误并经老师同意后才能通电。通电试运转，仔细观察电器动作及电动机运转情况，掌握正确的操作方法。

六、实训报告与要求

（一）实训报告
（1）画出机械动力头电气控制线路原理图及工艺接线图（样图如图 14-7 所示）。
（2）分析机械动力头电气控制线路工作原理。
（二）考核要求
（1）在规定时间内正确设计并安装电路，且试运转成功，操作方法正确。
（2）安装工艺达到基本要求，线头长短适当，接点牢靠，接触良好。
（3）操作文明安全，没有电器损坏及安全事故。

七、机械动力头电气控制线路评分标准

机械动力头电气控制线路的评分标准见表 14-6。

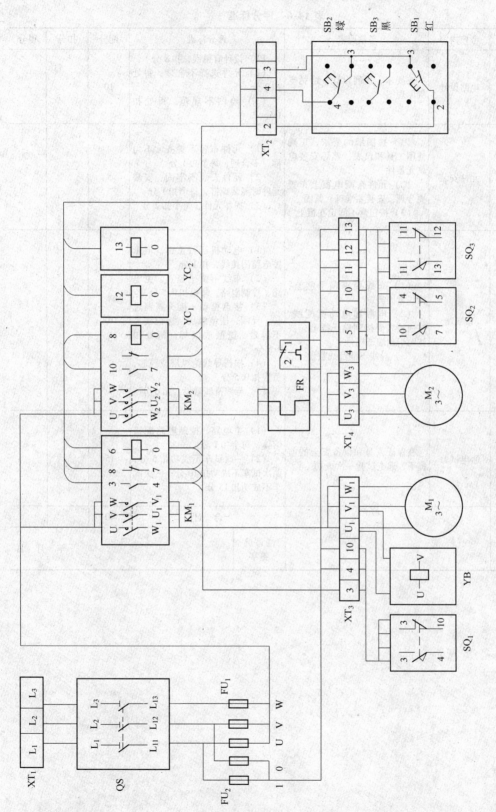

图 14-7　机械动力头电气控制线路工艺接线图

表 14-6 评分标准

序号	考核内容	考核要求	评分标准	配分	扣分	得分
1	电路设计	按要求,正确设计、绘制电气原理图	(1) 设计有错误,扣8分 (2) 元件选择不合理,每处扣2分 (3) 绘图不规范,每处扣1分	10		
2	元件安装	(1) 按图纸的要求,正确使用工具和仪表,熟练安装电气元器件 (2) 元件在配电板上布置要合理,安装要准确、紧固 (3) 按钮盒不固定在板上	(1) 元件布置不整齐、不匀称、不合理,每个扣1分 (2) 元件安装不牢固、安装元件时漏装螺钉,每个扣1分 (3) 损坏元件,每个扣2分	5		
3	布线	(1) 布线要求横平竖直,接线紧固美观 (2) 电源和电动机配线、按钮接线要接到端子排上,要注明引出端子标号 (3) 导线不能乱线敷设	(1) 电动机运行正常,但未按电路图接线,扣1分 (2) 布线不横平竖直,主电路、控制电路,每根扣0.5分 (3) 接点松动,接头露铜过长,反圈,压绝缘层,标记线号不清楚、遗漏或误标,每处扣0.5分 (4) 损伤导线绝缘层或线芯,每根扣0.5分 (5) 导线乱线敷设,扣6分	10		
4	通电试验	在保证人身和设备安全的前提下,通电试验一次成功	(1) 主电路、控制电路配错熔体,每个扣1分 (2) 一次试车不成功扣5分;两次试车不成功扣10分;三次试车不成功扣15分	15		
备注			合 计	40		
			考评员签字		年 月 日	

实训十五　CA6140 型车床电气故障排除

一、实训目的

（1）掌握 CA6140 型车床电路电气原理及识图读图方法。

（2）掌握用通电试验方法发现故障现象、进行故障分析，再用电阻法检查 CA6140 型车床电气线路故障的方法。

（3）培养学生分析电气控制线路原理的能力。

二、设备和器件

根据 CA6410 型车床电气故障排除要求选用以下设备和器件（见图 15-1 和图 15-2）：

CA6140 型车床电气控制线路智能考核装置	1 套
万用表	1 块
电工工具	1 套

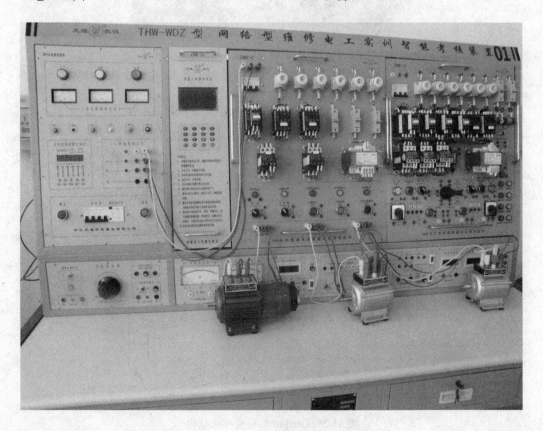

图 15-1　THW-WDZ 型维修电工故障实训考核装置

图 15-2　CA6140 型普通车床电气故障实训装置

三、原理概述

（一）CA6140 型车床电气分析

1. CA6140 型车床的结构

CA6140 型车床结构如图 15-3 所示，主要由床身、主轴箱、进给箱、溜板箱、刀架、

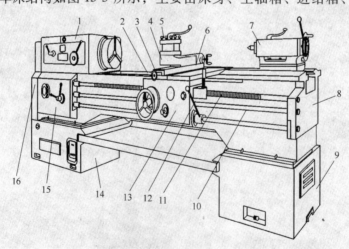

图 15-3　CA6140 型普通车床结构

1—主轴箱；2—纵溜板；3—横溜板；4—转盘；5—方刀架；6—小溜板；7—尾架；8—床身；9—右床座；
10—光杠；11—丝杠；12—操纵手柄；13—溜板箱；14—左床座；15—进给箱；16—挂轮箱

丝杠、光杠、尾架等部分组成。

2. CA6140 型车床的运动形式

CA6140 型车床的运动形式有切削运动和辅助运动。切削运动包括工件的旋转运动（主运动）和刀具的直线进给运动（进给运动），除此之外的其他运动皆为辅助运动。

（1）主运动。CA6140 型车床的主运动是指主轴通过卡盘带动工件旋转，主轴的旋转是由主轴电动机经传动机构拖动。根据工件材料性质、车刀材料及几何形状、工件直径、加工方式及冷却条件的不同，要求主轴有不同的切削速度。另外，为了加工螺丝，还要求主轴能够正反转。

主轴的变速是由主轴电动机经 V 带传递到主轴变速箱实现的。CA6140 型车床的主轴正转速度有 24 种（10～1400r/min），反转速度有 12 种（14～1580r/min）。

（2）进给运动。CA6140 型车床的进给运动是指刀架带动刀具纵向或横向直线运动。溜板箱把丝杠或光杠的转动传递给刀架部分，变换溜板箱外的手柄位置，经刀架部分使车刀做纵向或横向进给。刀架的进给运动也是由主轴电动机拖动的，其运动方式有手动和自动两种。

（3）辅助运动。CA6140 型车床的辅助运动是指刀架的快速移动、尾座的移动以及工件的夹紧与放松等。

3. 电力拖动的特点及控制要求

（1）主轴电动机一般选用三相笼型异步电动机。为满足调速要求，只用机械调速，不进行电气调速。

（2）主轴要能够正反转，以满足螺丝加工要求。

（3）主轴电动机的启动、停止采用按钮操作。

（4）溜板箱的快速移动，应由单独的快速移动电动机来拖动并采用点动控制。

（5）为防止切削过程中刀具和工件温度过高，需要用切削液进行冷却，因此要配有冷却泵。

（6）电路必须有过载、短路、欠压、失压等保护。

（二）CA6140 普通车床的电气控制分析

（1）主轴电动机控制。

如图 15-4 所示，主电路中的 M_1 为主轴电动机，按下启动按钮 SB_2、KM_1 得电吸合，辅助触点 KM_1（5—6）闭合自锁，KM_1 主触头闭合，主轴电动机 M_1 启动，同时辅助触点 KM_1（7—9）闭合，为冷却泵启动作好准备。

（2）冷却泵控制。

主电路中的 M_2 为冷却泵电动机。

在主轴电动机启动后，KM_1（7—9）闭合，将开关 SA_2 闭合，KM_2 吸合，冷却泵电动机启动，将 SA_2 断开，冷却泵停止。如果将主轴电动机停止，冷却泵也会自动停止。

（3）刀架快速移动控制。

刀架快速移动电动机 M_3 采用点动控制。按下 SB_3，KM_3 吸合，其主触头闭合，快速移动电机 M_3 启动，松开 SB_3，KM_3 释放，电动机 M_3 停止。

（4）照明和信号灯电路。

接通电源，控制变压器输出电压，HL 直接得电发光，作为电源信号灯。EL 为照明

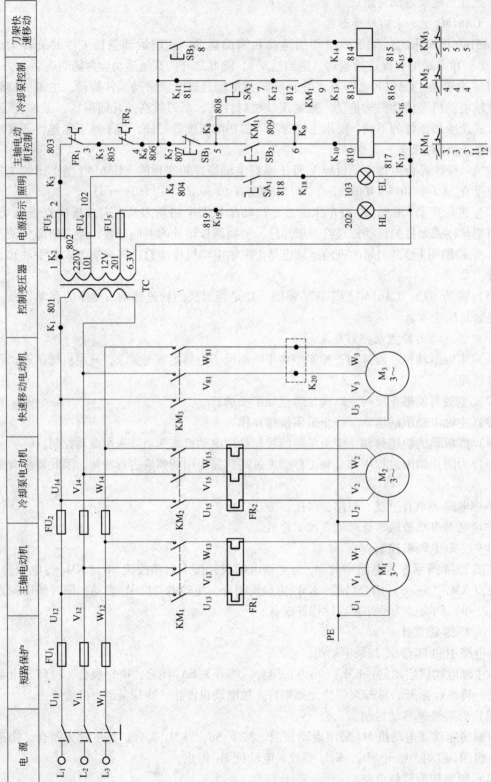

图 15-4　CA6140 型车床电气故障原理图

灯，将开关 SA_1 闭合 EL 亮，将 SA_1 断开，EL 灭。

四、操作内容及要求

（一）准备工作

（1）查看各电器元件上的接线是否紧固，各熔断器是否安装良好。

（2）将各开关置分断位置。

（3）将控制屏的 L_1、L_2、L_3 分别用护套线与空气开关上的 L_1、L_2、L_3 相连。

（4）将电动机放在控制屏的桌面板上，分别接到挂件上。

（二）操作试运行

接通电源，参看电气原理图，按下列步骤进行操作：

（1）先合上装置左侧的总电源开关，按下主控电源板上的启动按钮，合上空气开关 QS，"电源"指示灯亮。

（2）将照明开关 SA_1 旋到"开"的位置，"照明"指示灯亮。将 SA_1 旋到"关"，照明指示灯灭。

（3）按下"主轴启动"按钮 SB_2，KM_1 吸合，主轴电动机转，"主轴启动"指示灯亮。按下"主轴停止"按钮 SB_1，KM_1 释放，主轴电动机停转。

（4）冷却泵控制。按下 SB_2 将主轴启动。将冷却泵开关 SA_2 旋到"开"位置，KM_2 吸合，冷却泵电动机转动，"冷却泵启动"指示灯亮。将 SA_2 旋到"关"，KM_2 释放，冷却泵电动机停转。

（5）快速移动电动机控制。按下 SB_3，KM_3 吸合，"刀架快速移动"指示灯亮，快速移动电动机转动。松开 SB_3，KM_3 释放，"刀架快速移动"指示灯灭，快速移动电动机停止。

（三）实习内容

（1）用通电试验方法发现故障现象，进行故障分析，并在电气原理图中用虚线标出最小故障范围，再断电用电阻法检查 CA6140 型车床电气线路故障点。

（2）根据原理图，利用智能人机界面排除 CA6140 型车床主电路或控制电路中人为设置的两个电气自然故障点。

（四）实习步骤

（1）先熟悉原理，再进行正确的通电试车操作。

（2）熟悉电器元件的安装位置，明确各电器元件的作用。

（3）教师示范故障分析检修过程（故障可人为设置）。

（4）教师设置让学生知道的故障点，指导学生如何从故障现象着手进行分析，逐步引导到采用正确的检查步骤和检修方法排除故障。

（5）教师设置人为的自然故障点，由学生检修。

（五）实习要求

（1）学生应根据故障现象，先在原理图中正确标出最小故障范围，然后采用正确的检查和排除故障方法在定额时间内排除故障。

（2）排除故障时，必须修复故障点，不得采用更换电器元件、借用触点及改动线路的方法，否则，按不能排除故障点扣分。

（3）检修时，严禁扩大故障范围或产生新的故障，不得损坏电器元件。

（六）操作注意事项

（1）设备应在指导教师指导下操作，安全第一。设备通电后，严禁在电器侧随意扳动电器件。进行排除故障训练，尽量采用不带电检修。若带电检修，则必须有指导教师在现场监护。

（2）在维修设置故障中不要随便互换线端处号码管。

（3）操作时用力不要过大，速度不宜过快，操作不宜过于频繁。

（4）实习结束后，应拔出电源插头，将各开关置分断位。

（5）作好实习记录，经教师同意后才能离开。

五、实训报告与要求

（一）实训报告

（1）分析 CA6140 型车床电气控制线路的动作原理。

（2）根据故障现象，在 CA6140 型车床电气控制线路图上分析故障可能产生的原因，确定故障发生的范围。

（二）考核要求

（1）在规定时间内正确使用电工工具、万用表检查 CA6140 型车床电气线路故障，掌握正确的操作方法。

（2）故障排除完毕后，必须恢复故障点。

（3）操作文明安全，没有电器损坏及安全事故。

六、CA6140 型车床电气故障分析、排除评分标准

本实训考核时间为 10min，分值为 10 分，评分标准见表 15-1，要求如下：

（1）根据提供的题图独立排查电气控制线路故障。

（2）电气控制线路设 3 道题目，每道题目设 1 个故障点，共计划 3 个故障点。

（3）故障点的排查时间为 10min。

（4）根据故障现象，在电气控制电路图上分析故障可能产生的原因，确定故障范围，并排除故障。在考核过程中，带电检修时应注意人身和设备的安全。

（5）考试结束，必须将工位清洁整理好后才可交卷离开考场。

表 15-1　评分标准

序　号	考核内容	考核要求	评分标准	配分	扣分	得分
1	通电试车	正确检查设备状态	不经考评员允许，擅自通电试车者，扣 3 分	5		
2	故障排查方法	用通电试验法及电阻法检查故障	不采用通电试验方法发现故障现象、进行故障分析，再用电阻法检查故障者，扣 20 分			
3	故障分析	能正确分析故障	不能标出或错标故障范围，每个故障点扣 5 分	15		
4	故障排查	正确排除模拟故障	每少查出一个故障点，扣 5 分	15		

序　号	考核内容	考核要求	评分标准	配分	扣分	得分
5	其　他	误操作扣分	（1）误排故障一次，从总得分中扣5分 （2）不能正确使用考核设备，误操作一次从总得分中扣5分			
6	安全文明生产	劳动保护用品穿戴整齐； 电工工具佩戴齐全；遵守操作规程；尊敬考评员，讲文明礼貌；考试结束要清理工位	（1）考试中，违反安全文明生产考核要求的任何项扣1分，扣完为止 （2）考生在不同技能试题中，违反安全文明生产考核要求同一项内容的，要累计扣分 （3）当考评员发现考生有重大事故隐患时，要立即予以制止，并每次扣考生文明生产总分3分	5		
总　计				40		

故障现象和故障点标示如下：

（1）故障现象：　　　　　　　　　故障点：

（2）故障现象：　　　　　　　　　故障点：

（3）故障现象：　　　　　　　　　故障点：

考评员：_____　年　月　日　核分人：_____　年　月　日

实训十六　X62W 型万能铣床电气故障排除

一、实训目的

（1）掌握 X62W 型铣床电路电气原理及识图读图方法。

（2）掌握用通电试验方法发现故障现象、进行故障分析；再用电阻法检查 X62W 型铣床电路电气线路故障。

（3）培养学生分析电气控制线路原理的能力。

二、设备和器件

根据 X62W 型万能铣床电气故障排除要求选用以下设备和器件（见图 16-1）。

图 16-1　X62W 型万能铣床电气故障实训装置

X62W 型车床电气控制线路智能考核装置	1 套
万用表	1 块
电工工具	1 套

三、原理概述

（一）X62W 型万能铣床的主要结构及运动形式

（1）X62W 型万能铣床主要由床身、主轴、刀杆、横梁、工作台、回转盘、横溜板和升降台等几部分组成，如图 16-2 所示。

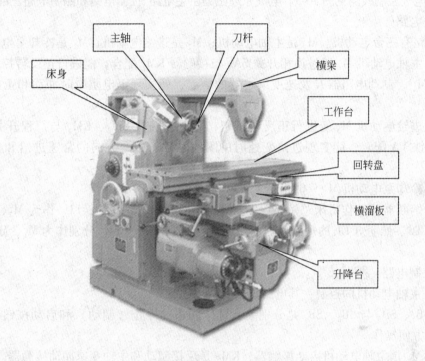

图 16-2　X62W 万能型铣床外形

（2）运动形式

1）主轴转动：由主轴电动机通过弹性联轴器来驱动传动机构，当传动机构中的一个双联滑动齿轮块啮合时，主轴即可旋转。

2）工作台面的移动：由进给电动机驱动，它通过机械机构使工作台能进行三种形式六个方向的移动，即：工作台面能直接在溜板上部可转动部分的导轨上作纵向（左、右）移动；工作台面借助横溜板作横向（前、后）移动；工作台面还能借助升降台作垂直（上、下）移动。

（二）X62W 型万能铣床对电气线路的主要要求

（1）铣床要求有三台电动机，即主轴电动机、进给电动机和冷却泵电动机。

（2）由于加工时有顺铣和逆铣两种，所以要求主轴电动机能正反转及在变速时能瞬时冲动一下，以利于齿轮的啮合，并要求能制动停车和实现两地控制。

（3）工作台的三种运动形式六个方向的移动是依靠机械的方法来实现的，对进给电动机要求能正反转，且要求纵向、横向、垂直三种运动形式相互间应有联锁，以确保操作安全。同时要求工作台进给变速时，进给电动机也能满足瞬时冲动、快速进给及两地控制等要求。

（4）冷却泵电动机只要求正转。

（5）进给电动机与主轴电动机需实现两台电动机的联锁控制，即主轴工作后才能进给。

（三）X62W 型万能铣床的电气控制线路分析

铣床电气控制线路见图 16-3。电气原理图是由主电路、控制电路和照明电路三部分组成。

1. 主电路

主电路有三台电动机。M_1 是主轴电动机；M_2 是进给电动机；M_3 是冷却泵电动机。

（1）主轴电动机 M_1 通过换相开关 SA_5 与接触器 KM_1 配合，能进行正反转控制，而与接触器 KM_2、制动电阻器 R 及速度继电器的配合，能实现串电阻瞬时冲动和正反转反接制动控制。

（2）进给电动机 M_2 能进行正反转控制，通过接触器 KM_3、KM_4 与行程开关、KM_5、牵引电磁铁 YA 配合，能实现进给变速时的瞬时冲动、六个方向的常速进给和快速移动控制。

（3）冷却泵电动机 M_3 只能正转。

（4）熔断器 FU_1 作机床总短路保护，也兼作 M_1 的短路保护；FU_2 作为 M_2、M_3 及控制变压器 TC、照明灯 EL 的短路保护；热继电器 FR_1、FR_2、FR_3 分别作为 M_1、M_2、M_3 的过载保护。

2. 控制电路

（1）主轴电动机的控制，其电路见图 16-4。

1）SB_1、SB_3 与 SB_2、SB_4 是分别装在铣床两边的停止（制动）和启动按钮，实现两地控制，方便操作。

2）KM_1 是主轴电动机启动接触器，KM_2 是反接制动和主轴变速冲动接触器。

3）SQ_7 是与主轴变速手柄联动的瞬时动作行程开关。

4）主轴电动机需启动时，要先将 SA_5 扳到主轴电动机所需要的旋转方向，然后再按启动按钮 SB_3 或 SB_4 来启动电动机 M_1。

5）M_1 启动后，速度继电器 KS 的一副常开触点闭合，为主轴电动机的停转制动做好准备。

6）停车时，按停止按钮 SB_1 或 SB_2 切断 KM_1 电路，接通 KM_2 电路，改变 M_1 的电源相序进行串电阻反接制动。当 M_1 的转速低于 120r/min 时，速度继电器 KS 的一副常开触点恢复断开，切断 KM_2 电路，M_1 停转，制动结束。

据以上分析可写出主轴电动机转动（即按 SB_3 或 SB_4）时控制线路的通路：1—2—3—7—8—9—10—KM_1 线圈—0；主轴停止与反接制动（即按 SB_1 或 SB_2）时的通路：1—2—3—4—5—6—KM_2 线圈—0。

7）主轴电动机变速时的瞬动（冲动）控制，是利用变速手柄与冲动行程开关 SQ_7 通过机械上联动机构进行控制的。

变速时，先下压变速手柄，然后拉到前面，当快要落到第二道槽时，转动变速盘，选择需要的转速。此时凸轮压下弹簧杆，使冲动行程 SQ_7 的常闭触点先断开，切断 KM_1 线圈的电路，电动机 M_1 断电；同时 SQ_7 的常开触点后接通，KM_2 线圈得电动作，M_1 被反接

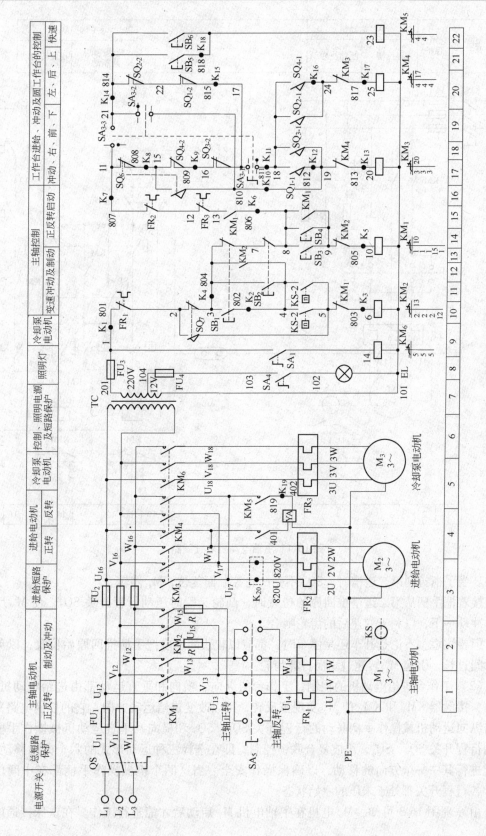

图 16-3 X62W 型万能铣床电气故障原理

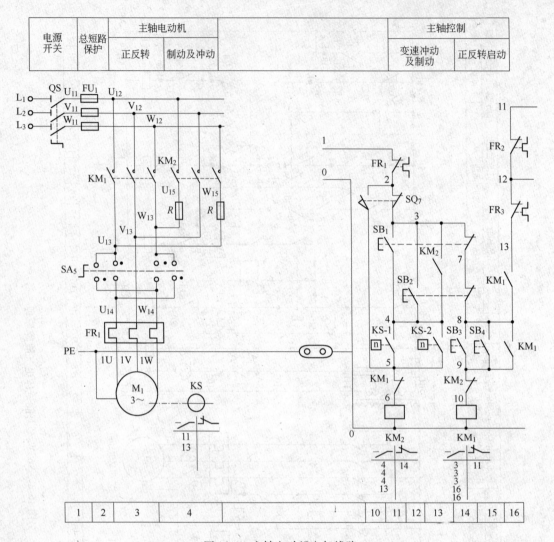

图 16-4　主轴电动机电气线路

制动。当手柄拉到第二道槽时，SQ_7 不受凸轮控制而复位，M_1 停转。

接着把手柄从第二道槽推回原始位置时，凸轮又瞬时压动行程开关 SQ_7，使 M_1 反向瞬时冲动一下，以利于变速后的齿轮啮合。

但要注意，不论是开车还是停车时，都应以较快的速度把手柄推回原始位置，以免通电时间过长，引起 M_1 转速过高而打坏齿轮。

（2）工作台进给电动机的控制，工作台的纵向、横向和垂直运动都由进给电动机 M_2 驱动，接触器 KM_3 和 KM_4 使 M_2 实现正反转，用以改变进给运动方向。它的控制电路采用了与纵向运动机械操作手柄联动的行程开关 SQ_1、SQ_2 和横向及垂直运动机械操作手柄联动的行程开关 SQ_3、SQ_4，组成复合联锁控制。即在选择三种运动形式的六个方向移动时，只能进行其中一个方向的移动，以确保操作安全。当这两个机械操作手柄都在中间位置时，各行程开关都处于未压的原始状态。

由原理图 16-3 可知：M_2 电机在主轴电机 M_1 启动后才能进行工作。在铣床接通电源后，将控制圆工作台的组合开关 SA_3 扳到断开位置，使触点 SA_{3-1}（17—18）和 SA_{3-3}（11—21）闭合，而 SA_{3-2}（19—21）断开，然后启动 M_1，这时接触器 KM_1 吸合，使 KM_1（8—13）闭合，就可进行工作台的进给控制。

　　1）工作台纵向（左右）运动的控制。工作台的纵向运动由进给电动机 M_2 驱动，由纵向操纵手柄来控制。此手柄是复式的，一个安装在工作台底座的顶面中央部位，另一个安装在工作台底座的左下方。手柄有三个位置：向左、向右、零位。当手柄扳到向右或向左运动方向时，手柄的联动机构压下行程 SQ_1 或 SQ_2，使接触器 KM_3 或 KM_4 动作，控制进给电动机 M_2 的正反转。工作台左右运动的行程，可通过调整安装在工作台两端的撞铁位置来实现。当工作台纵向运动到极限位置时，撞铁撞动纵向操纵手柄，使它回到零位，M_2 停转，工作台停止运动，从而实现了纵向终端保护。

　　①工作台向左运动。在 M_1 启动后，将纵向操作手柄扳至向左位置，一方面机械接通纵向离合器，同时在电气上压下 SQ_1，使 SQ_{1-2} 断，SQ_{1-1} 通，而其他控制进给运动的行程开关都处于原始位置，此时使 KM_3 吸合，M_2 正转，工作台向左进给运动。其控制电路的通路为：11—15—16—17—18—19—20—KM_3 线圈—0。

　　②工作台向右运动。当纵向操纵手柄扳至向右位置时，机械上仍然接通纵向进给离合器，但却压动了行程开关 SQ_2，使 SQ_{2-2} 断，SQ_{2-1} 通，使 KM_4 吸合，M_2 反转，工作台向右进给运动，其通路为：11—15—16—17—18—24—25—KM_4 线圈—0。

　　2）工作台垂直（上下）和横向（前后）运动的控制：工作台的垂直和横向运动由垂直和横向进给手柄操纵。此手柄也是复式的，有两个完全相同的手柄分别装在工作台左侧的前、后方。手柄的联动机械压下行程开关 SQ_3 或 SQ_4，同时能接通垂直或横向进给离合器。操纵手柄有五个位置（上、下、前、后、中间），五个位置是联锁的。工作台的上下和前后的终端保护是利用装在床身导轨旁与工作台座上的撞铁，将操纵十字手柄撞到中间位置，使 M_2 断电停转。

　　①工作台向前（或者向下）运动的控制。将十字操纵手柄扳至向前（或者向下）位置时，机械上接通横向进给（或者垂直进给）离合器，同时压下 SQ_4，使 SQ_{4-2} 断，SQ_{4-1} 通，使 KM_4 吸合，M_2 反转，工作台向前（或者向下）运动。其通路为：11—21—22—17—18—24—25—KM_4 线圈—0。

　　②工作台向后（或者向上）运动的控制。将十字操纵手柄扳至向后（或者向上）位置时，机械上接通横向进给（或者垂直进给）离合器，同时压下 SQ_3，使 SQ_{3-2} 断，SQ_{3-1} 通，使 KM_3 吸合，M_2 正转，工作台向后（或者向上）运动。其通路为：11—21—22—17—18—19—20—KM_3 线圈—0。

　　3）进给电动机变速时的瞬动（冲动）控制：变速时，为使齿轮易于啮合，进给变速与主轴变速一样，设有变速冲动环节。当需要进行进给变速时，应将转速盘的蘑菇形手轮向外拉出并转动转速盘，把所需进给量的标尺数字对准箭头，然后再把蘑菇形手轮用力向外拉到极限位置并随即推向原位，就在一次操纵手轮的同时，其连杆机构二次瞬时压下行程开关 SQ_6，使 KM_3 瞬时吸合，M_2 作正向瞬动。其通路为 11—21—22—17—16—15—19—20—KM_3 线圈—0，由于进给变速瞬时冲动的通电回路要经过 SQ_1 ~ SQ_4 四个行程开关的常闭触点，因此只有当进给运动的操作手柄都在中间（停止）位置时，才能实现进给变速冲动控制，以保证操作时的安全。同时，与主轴变速时冲动控制一样，电动机的通电时间不能太长，以防止转速过高，在变速时打坏齿轮。

4）工作台的快速进给控制：为提高劳动生产率，要求铣床在不作铣切加工时，工作台能快速移动。

工作台快速进给也是由进给电动机 M_2 来驱动，在纵向、横向和垂直三种运动形式六个方向上都可以实现快速进给控制。

主轴电动机启动后，将进给操纵手柄扳到所需位置，工作台按照选定的速度和方向作常速进给移动时，再按下快速进给按钮 SB_5（或 SB_6），使接触器 KM_5 通电吸合，接通牵引电磁铁 YA，电磁铁通过杠杆使摩擦离合器合上，减少中间传动装置，使工作台按运动方向作快速进给运动。当松开快速进给按钮时，电磁铁 YA 断电，摩擦离合器断开，快速进给运动停止，工作台仍按原常速进给时的速度继续运动。

（3）圆工作台运动的控制：铣床如需铣切螺旋槽、弧形槽等曲线时，可在工作台上安装圆形工作台及其传动机械，圆形工作台的回转运动也是由进给电动机 M_2 传动机构驱动的。

圆工作台工作时，应先将进给操作手柄都扳到中间（停止）位置，然后将圆工作台组合开关 SA_3 扳到圆工作台接通位置。此时 SA_{3-1} 断，SA_{3-3} 断，SA_{3-2} 通。准备就绪后，按下主轴启动按钮 SB_3 或 SB_4，则接触器 KM_1 与 KM_3 相继吸合。主轴电动机 M_1 与进给电动机 M_2 相继启动并运转，而进给电动机仅以正转方向带动圆工作台作定向回转运动。其通路为 11—15—16—17—22—21—19—20—KM_3 线圈—0。由上可知，圆工作台与工作台进给有互锁，即当圆工作台工作时，不允许工作台在纵向、横向、垂直方向上有任何运动。若误操作而扳动进给运动操纵手柄（即压下 $SQ_1 \sim SQ_4$、SQ_6 中任一个），M_2 立即停转。

四、操作内容及要求

（一）准备工作

（1）查看各电器元件上的接线是否紧固，各熔断器是否安装良好。

（2）将各开关置分断位置。

（3）将控制屏的 L_1、L_2、L_3 分别用护套线与空气开关上的 L_1、L_2、L_3 相连。

（4）将电动机放在控制屏的桌面板上并分别接到挂件上。注意 M_1 的型号为 WDJ24-1（三相鼠笼电动机带速度继电器），其余为 WDJ24（普通鼠笼电动机）。

（二）操作试运行

按下列步骤进行铣床电气模拟操作运行：

（1）先按下控制屏上的启动按钮，合上挂件上的低压断路器开关 QS。

（2）SA_5 置左位（或右位），电动机 M_1 "正转"或"反转"指示灯亮，说明主轴电动机可能运转的转向。

（3）旋转 SA_4 开关，"照明"灯亮。转动 SA_1 开关，"冷却泵电动机"工作，"冷却泵工作"指示灯亮。

（4）按下按钮 SB_3（或 SB_4），启动主轴，主轴电动机按 SA_5 选择的方向运行；按下按钮 SB_1（或 SB_2），主轴反接制动并立即停车。

（5）主轴电动机 M_1 变速冲动操作。

实际机床的变速是通过变速手柄的操作，瞬间压动 SQ_7 行程开关，使电动机产生微转，从而能使齿轮较好实现换挡啮合。

本模板要用手动操作 SQ_7，模仿机械的瞬间压动效果：采用迅速的"点动"操作，使电动机 M_1 通电后，立即停转，形成微动或抖动。操作要迅速，以免出现"连续"运转现象。当出现"连续"运转时间较长，会使 R 发烫。此时应拉下闸刀，待电动机停止后重新送电操作。

（6）进给电动机控制操作（SA_3 开关状态：SA_{3-1}、SA_{3-3} 闭合，SA_{3-2} 断开）。

实际铣床中的进给电动机 M_2 用于驱动工作台横向（前、后）、升降和纵向（左、右）移动的动力源，均通过机械离合器来实现控制"状态"的选择，电动机只作正、反转控制，机械"状态"手柄与电气开关的动作对应关系如下。

工作台横向、升降控制：实际铣床由"十字"复式操作手柄控制，既控制离合器又控制相应开关。

工作台向后、向上运动—电动机 M_2 反转—SQ_4 压下。

工作台向前、向下运动—电动机 M_2 正转—SQ_3 压下。

模板操作：按动 SQ_4，M_2 反转；按动 SQ_3，M_2 正转。

（7）工作台纵向（左、右）进给运动控制（SA_3 开关状态同进给电动机控制操作）。

实际铣床专用一个"纵向"操作手柄，既控制相应离合器，又压动对应的开关 SQ_1 和 SQ_2，使工作台实现了纵向的左和右运动。

模拟操作：按动 SQ_1，M_2 正转；按动 SQ_2，M_2 反转。

（8）工作台快速移动操作。

在实际铣床中，在工作台进给的时候，按动 SB_5 或 SB_6 按钮，电磁离合器 YA 动作，改变机械传动链中间传动装置，实现各方向的快速移动。

模拟操作：启动主轴电动机和进给电动机，再按动 SB_5 或 SB_6 按钮，KM_5、YA 同时吸合（电磁铁 YA 用于模拟实际机床中的电磁离合器），"工作台快速移动"指示灯亮。

（9）进给变速冲动（功能与主轴冲动相同，便于换挡时齿轮的啮合）。

实际铣床中变速冲动的实现过程是：在变速手柄操作中，通过联动机构瞬时带动"冲动行程开关 SQ_6"，使电动机产生瞬动。

模拟"冲动"操作，启动主轴，进给控制十字开关置中间位置，按下 SQ_6，电动机 M_2 转动，操作此开关时应迅速压与放，以模仿实际铣床变速时瞬动压下 SQ_6。

（10）圆工作台回转运动控制。将圆工作台转换开关 SA_3 扳到"圆工作台"位置，此时，SA_{3-1}、SA_{3-3} 触点分断，SA_{3-2} 触点接通。在启动主轴电动机后，M_2 电动机正转，实际中即为圆工作台转动（此时工作台操作十字开关全部置于零位，即 $SQ_1 \sim SQ_4$ 均不压下）。

（三）实习内容

（1）用通电试验方法发现故障，进行故障分析，并在电气原理图中用虚线标出最小故障范围，再断电用电阻法检查 X62W 型万能铣床电气线路故障点。

（2）根据原理图，利用智能人机界面排除 X62W 型万能铣床主电路或控制电路中人为设置的两个电气自然故障点。

（四）实习步骤

（1）先熟悉原理，再进行正确的通电试车操作。

（2）熟悉电器元件的安装位置，明确各电器元件作用。

（3）教师示范故障分析检修过程（故障可人为设置）。

（4）教师设置让学生知道的故障点，指导学生如何从故障现象着手进行分析，逐步引导到采用正确的检查步骤和检修方法。

（5）教师设置人为的自然故障点，由学生检修。

（五）实习要求

（1）学生应根据故障现象，先在原理图中正确标出最小故障范围的线段，然后采用正确的检查和排故方法并在限定时间内排除故障。

（2）排除故障时，必须修复故障点，不得采用更换电器元件、借用触点及改动线路的方法，否则，按不能排除故障点扣分。

（3）检修时，严禁扩大故障范围或产生新的故障，不得损坏电器元件。

（六）操作注意事项

（1）应在指导教师指导下操作设备，安全第一。设备通电后，严禁在电器侧随意扳动电器件。进行排故训练，尽量采用不带电检修。若带电检修，则必须有指导教师在现场监护。

（2）在维修设置故障中不要随便互换线端处号码管。

（3）操作时用力不要过大，速度不宜过快；操作频率不宜过于频繁。

（4）实习结束后，应拔出电源插头，将各开关置分断位。

（5）作好实习记录，经教师同意后才能离开。

五、实训报告与要求

（一）实训报告

（1）分析 X62W 型万能铣床电气控制线路的动作原理。

（2）根据故障现象，在 X62W 型万能铣床电气控制线路图上分析故障可能产生的原因，确定故障发生的范围。

（二）考核要求

（1）在规定时间内正确使用电工工具、万用表检查 X62W 型万能铣床电气线路故障，掌握正确的操作方法。

（2）故障排除完毕后，必须恢复故障点。

（3）操作文明安全，没有电器损坏及安全事故。

六、X62W 型万能铣床电气故障分析、排除评分标准

本实训考核时间为 10min，分值为 30 分，评分标准见表 16-1，要求如下：

（1）根据提供的题图独立排查电气控制线路故障。

（2）电气控制线路设 3 道题目，每道题目设 1 个故障点，共计划 3 个故障点。

（3）故障点的排查时间为 10min。

（4）根据故障现象，在电气控制电路图上分析故障可能产生的原因，确定故障范围，并排除故障。在考核过程中，带电检修时应注意人身和设备的安全。

（5）考试结束，必须将工位清洁整理好后才可交卷离开考场。

表 16-1 评分标准

序号	考核内容	考核要求	评分标准	配分	扣分	得分
1	通电试车	正确检查设备状态	不经考评员允许，擅自通电试车者，扣3分	3		
2	故障排查方法	用通电试验法及电阻法检查故障	不采用通电试验方法发现故障现象、进行故障分析，再用电阻法检查故障者，扣15分			
3	故障分析	能正确分析故障	不能标出或错标故障范围，每个故障点扣3分	9		
4	故障排查	正确排除模拟故障	每少查出一个故障点，扣5分	15		
5	其他	误操作扣分	（1）误排故障一次，从总得分中扣5分 （2）不能正确使用考核设备，误操作一次从总得分中扣5分			
6	安全文明生产	劳动保护用品穿戴整齐；电工工具佩戴齐全；遵守操作规程；尊敬考评员，讲文明礼貌；考试结束要清理工位	（1）考试中，违反安全文明生产考核要求的任何项扣1分，扣完为止 （2）考生在不同技能试题中，违反安全文明生产考核要求同一项内容的，要累计扣分 （3）当考评员发现考生有重大事故隐患时，要立即予以制止，并每次扣考生文明生产总分3分	3		
		总 计		30		

故障现象和故障点标示如下：
（1）故障现象： 故障点：
（2）故障现象： 故障点：
（3）故障现象： 故障点：

考评员：_____ 年 月 日 核分人：_____ 年 月 日

实训十七　OCL准互补功率放大器

一、实训目的

（1）熟悉OCL准互补功率放大器的结构及工作原理。

（2）掌握OCL准互补功率放大器安装调试的方法。

二、设备与器件

示波器	1台
万用表	1块
二极管、三极管、电阻、电容	若干
电烙铁	1把
镊子	1把
铆钉电路板	1块
焊锡、焊剂	若干
单相变压器、扬声器	各1台

三、原理概述

（一）电路组成

电路的组成如图17-1所示。

（1）输入级。

V_1、V_2、V_3组成恒流源式差动放大电路。恒流源将对应一定电压变化所产生的电流变化趋近于零即使电流为一恒定值。V_3组成的恒流源用于改善差分放大器电路的共模抑制比，同时又作为温度补偿和深度负反馈；V_5组成恒流源，作用是提高V_4的集电极电压，使V_4的电压增益得到提高。V_4是推动级。

R_1、D_1、D_2为恒流源V_3、V_5提供基极偏置电压。D_1、D_2为硅二极管，利用其正向稳压特性和限流电阻R_1一起构成简单的稳压电路，提供V_3、V_5以稳定的偏压（约为1.4V）。

R_F、C_1、R_{B2}构成电压串联负反馈网络。

C_1是隔直滤波电容，以保证V_2基极加有百分之百的直流负反馈电压，防止输出点零点漂移。

C_2、C_3、C_4是相位校正电容，作用是抑制高频自激、改善音质。因为在高频信号输入时，发射结电容会形成正反馈，产生高频自激振荡。

V_6、R_{C4}、R_{C5}组成晶体三极管偏置电路——恒压电路，使U_{ce6}偏置电压稳定，调节R_{C4}可以使静态输出电压U_0为零。

OCL功放电路的输出点（中点）与扬声器直接耦合，因此要求输出点保持直流零电位，以免直流经过扬声器而引起失真。另外，在电源电压发生变化时，输出点电位也应恒定不变。

（2）输出电路。

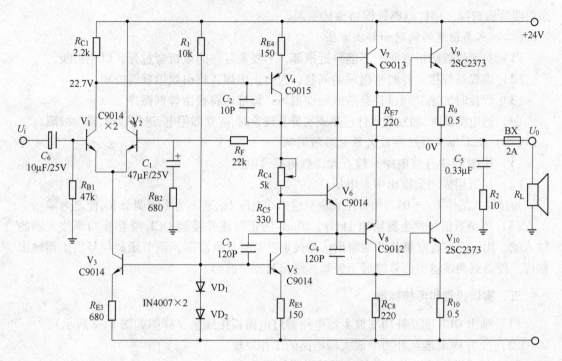

图 17-1　OCL 准互补功率放大器电路

V_7、V_9 组成复合 NPN 管；V_8、V_{10} 组成复合 PNP 管。

C_5、R_2 是补偿扬声器电感，使从放大器输出端看，负载成为一个纯电阻负载。

（二）电路原理

静态时，$U_i = 0V$，V_7、V_9 组成复合 NPN，V_8、V_{10} 组成复合 PNP 晶体管，均截止，$I_B = 0A$，$I_C = 0A$。

动态时，$U_i \neq 0$，输入回路 C_6、R_{B1} 输入 1kHz 的正弦波信号，由差动放大器单端输出管 V_1 将其信号进行放大后，送到推动级 V_4，将信号作进一步的放大，再由 V_7、V_9、V_8、V_{10} 进行功率放大。信号流程如下：

当 $U_i > 0$ 输入信号正半周时：正半周信号→V_1→V_4→V_7、V_9 组成复合 NPN 管导通，V_8、V_{10} 组成复合 PNP 管截止→负载 R_L→正电源供电。

当 $U_i < 0$ 输入信号负半周时：负半周信号→V_1→V_4→V_8、V_{10} 组成复合 PNP 管导通，V_7、V_9 组成复合 NPN 管截止→负载 R_L→负电源供电。

最后在负载上合成一个不失真的周期信号。

四、操作内容和要求

（一）OCL 准互补功率放大器电路组装

（1）对照 OCL 准互补功率放大器电路图清点元件的数量，检查元件的规格型号。

（2）用万能表对所用元件进行检查测试，判断是否合格。

（3）将元器件放置在铆钉电路板的正确位置上。

（4）将元件的引线、管脚搪锡后逐个就位装接，焊点要圆整光滑，无虚焊、漏焊。多余引线管脚剪掉，铆钉电路板保持整洁美观。

（二）容易出现的问题和解决方法

（1）对元件管脚折弯时，不能靠近根部，不要重复弯曲或折弯过死，以免折断。

（2）虚焊是焊接元件时常出现的问题，为防止虚焊，将引线做搪锡处理。

（3）焊接时加热时间过长会造成元件损坏，焊好后将残留焊剂擦净。

（4）通电测试时，如发现元件过热或有异常现象时，应立即停电，进行检查，排除故障。

（三）OCL 准互补功率放大器电路的调试

（1）按图 17-1 连接电路，检查无误后再接通电源。

（2）用万用表测量输出中点电压。

短接输入端使 $U_i = 0V$，用万用表测量输出端电压 U_0，若不为零应调节 R_{C4} 使之为零。

（3）用函数信号发生器输出 1kHz、20mV 的正弦波并接到 OCL 准互补功率放大器的输入端，用示波器观察负载两端输出信号波形。若有失真波形，调节函数信号发生器输出幅度，使负载两端输出信号波形不失真。画出其测量波形。

五、实训报告和考核标准

（1）画出 OCL 准互补功率放大器电路铆钉电路板接线图（样图如图 17-2 所示）。

（2）分析 OCL 准互补功率放大器电路的工作原理。

（3）叙述操作过程中出现的问题并说明原因。

（4）装接前要先检查元器件的好坏，核对元件数量和规格。

（5）在规定时间内，按图纸的要求进行正确熟练地安装，正确连接仪器与仪表，并能正确进行调试。

（6）正确使用工具和仪表，装接质量要可靠，装接技术要符合工艺要求。

（7）操作安全文明。

六、OCL 准互补功率放大器电路的评分标准

OCL 准互补功率放大器电路和评分标准见表 17-1。

表 17-1　评分标准

序号	考核内容	考核要求	评分标准	配分	扣分	得分
1	按图焊接	正确使用工具和仪表，装接质量可靠，装接技术符合工艺要求	（1）布局不合理，扣 1 分 （2）焊点粗糙、拉尖、有焊接残渣，每处扣 1 分 （3）元件虚焊、气孔、漏焊、松动、损坏元件，每处扣 1 分 （4）引线过长、焊剂不擦干净，每处扣 1 分 （5）元器件的标称值不直观、安装高度不合要求，扣 1 分 （6）工具、仪表使用不正确，每次扣 1 分 （7）焊接时损坏元件，每个扣 2 分	20		
2	调试后通电试验	在规定时间内，使用仪器仪表调试后进行通电试验	（1）通电调试一次不成功扣 5 分；两次不成功扣 10 分；三次不成功扣 15 分 （2）调试过程中损坏元件，每个扣 2 分	20		
备注			合　计	40		
		考评员签字			年　月　日	

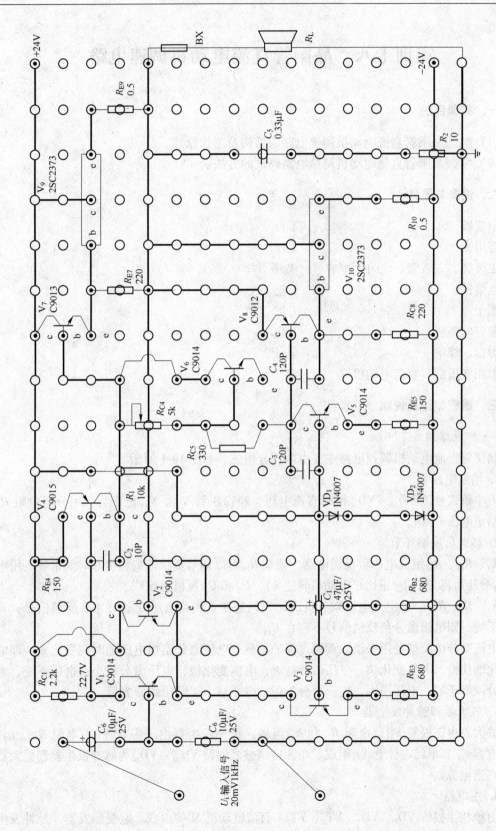

图 17-2 OCL 准互补功率放大器电路镙钉电路板接线图

实训十八　晶闸管直流电动机调速电路

一、实训目的

(1) 熟悉晶闸管直流电动机调速电路的结构及工作原理。

(2) 掌握晶闸管直流电动机调速电路调试的方法。

二、设备与器件

示波器	1 台
万用表	1 块
二极管、三极管、电阻、电容	若干
电烙铁	1 把
镊子	1 把
铆钉电路板	1 块
焊锡、焊剂	若干
单相变压器、直流电动机	各 1 台

三、原理概述及说明

（一）电路组成

晶闸管直流电动机调速电路主要由四部分组成，如图 18-1 所示。

1. 给定电压 U_g

由单桥式整流 $VD_{10} \sim VD_{14}$ 得到直流电压，经稳压管 V_{14}、V_{15} 稳压后，用分压电阻 R_P 调节给定电压 U_g 值。

2. 转速负反馈环节

R_7、R_{P1}、R_{14} 组成电压负反馈电路，调节 R_{P1} 可以调节负反馈的幅度和时间常数。用电阻 R_{P1} 分压后得 U_f（U_f 正比于电动机转速 n），U_{f1} 和 U_g 反极性串联。

R_5、R_6、R_{13}、C_5 组成电压微分负反馈，只是在主回路电压变动时才有反馈信号；若电压不变，则电压微分负反馈信号不存在 U_{f2}。

电压微分负反馈是用来消除调速过程的振荡。电压微分是指电压随时间变化率，即电压变化的快慢。电压变化快，电压微分就大；电压变化慢，电压微分就小；电压不变，电压微分就等于零；电压增大，电压微分为正；电压减小，电压微分为负。

3. 放大器和脉冲发生器

放大器由三极管 V_{18}、电阻 R_{11} 和 R_{15} 组成；脉冲发生器由三极管 V_{17}，电阻 R_{10}、R_9、R_8，电容 C_4 和单结晶体管 V_{16} 组成。单相桥式整流电路 $VD_{10} \sim VD_{14}$ 为脉冲发生器和放大器提供直流电源。

4. 主电路

由单相半控桥 VD_1、VD_3、VT_1、VT_2、直流电动机 M 等组成。它受触发器（脉冲发生

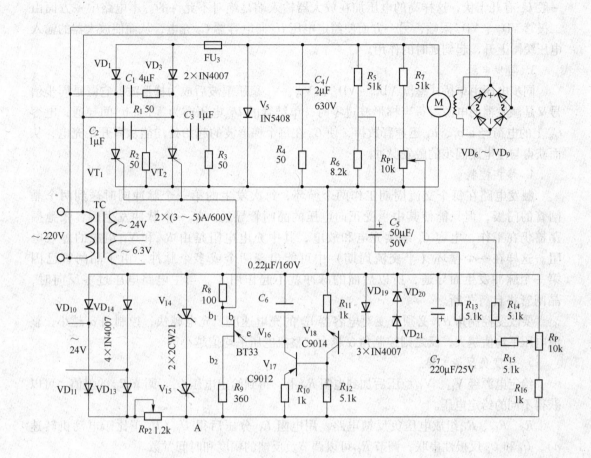

图 18-1　晶闸管直流电动机调速电路

器）的控制，使电动机转速相应调整。

（二）电路工作原理

1. 主电路

晶闸管的门极接到触发器上，以接收触发脉冲信号。$VD_6 \sim VD_9$ 为直流电动机励磁回路提供电源。

R_1 与 C_1 是交流侧阻容过电压保护，以吸收电网传入的尖峰过电压。

C_2、R_2 和 C_3、R_3 是换流过压保护，换流时关断的可控硅上承受反向电压是工作电压峰值的 5~6 倍。

V_5 为续流二极管，可在可控硅关断时使电动机的电枢电流能持续流通，并保证可控硅在每个半周期末可靠地关断，使电路正常工作。

R_4、C_4 是直流侧保护电路，用以保护续流二极管。

2. 触发电路

二极管 VD_{19}、VD_{20} 和 VD_{21} 是放大器输入端限幅电路，使所加正向电压不超过两个二极管的管压降，反向所加电压不超过一个二极管的管压降。电容器 C_7 是延迟元件，同时可吸收输入端的交流信号。当电动机尚未启动时，电压负反馈信号 $U_f = 0V$，$\Delta U = U_g$。

一般 U_g 有几十伏，这样高的电压加在放大器输入端是绝对不允许的。本电路中一方面由二极管 VD_{20}、VD_{21} 限幅，另一方面使给定电压 U_g 向电容器 C_7 充电，从而使放大器的输入电压缓慢上升，起到延时的作用。

3. 同步电源

同步电压由单桥式整流 $VD_{10} \sim VD_{14}$ 和 V_{14}、V_{15} 稳压削波后成为梯形波。它既是同步信号又是触发器的电源。每当梯形波过零时，单结管的 U_{bb} 电压亦为零，e-b_1 间导通，电容 C_6 上的电荷经 e-b_1、R_8 迅速释放掉，使 C_6 在每个梯形波的起始处均能从零开始充电，从而获得与主电路同步的触发脉冲。

4. 移相控制

触发电路在每个交流周期工作两个循环，每次发生的第一个脉冲同时送到两个晶闸管的门极，但只能使其中承受正向电压的晶闸管导通。第一个脉冲发生后，张弛振荡器仍在工作，电容 C_6 继续充电和放电，其中充电电阻是由 R_{10} 和 V_{17} 组成的等效电阻。这样在一个循环（半交流周期）中可能出现两个或多个脉冲，由于晶闸管已因第一个脉冲发生而导通，所以后面的脉冲就不起作用了。当主电路电压过零反向时，晶闸管将自行关断。

要改变控制角 α，必须改变对电容器 C_4 的充电速度。充电越快，控制角 α 越小，整流电压平均值越大；反之则控制角 α 越大，整流电压平均值越小。

5. 速度负反馈电路

给定电源经 V_{14}、V_{15} 稳压后加到电阻 R_P 上，得到给定电压 U_g。调节 R_P 的阻值，可以获得不同的给定电压。

R_7、R_{P1}、R_{14} 组成电压负反馈电路，用电阻 R_{P1} 分压后得 U_f（U_f 正比于电动机转速 n），U_{f1} 和 U_g 反极性串联，调节 R_{P1} 可以调节负反馈的幅度和时间常数。

由 R_{P1} 分压得到负反馈电压 U_f，把 U_g 和 U_f 反极性串联即得偏差电压 ΔU，即 $\Delta U = U_g - U_f$。电动机尚未转动时，$U_f = 0$，$\Delta U = U_g$；此时放大器入口端的限幅二极管 VD_{20}、VD_{21} 导通，放大器输入电压最高。电动机转动时，$\Delta U = U_g - U_f$，放大器输入电压为 ΔU。

6. 系统自动调速过程

假设给定电压 U_g 一定，电动机在 U_g 相对应的转速运行，转速负反馈电压为 U_f，偏差电压 $\Delta U = U_g - U_f$ 是放大器的输入。ΔU 的值决定放大器输出电压，使三极管 V_{17} 的集电极电流恒定在某值上，这样就确定了对电容器 C_4 的充电速度，由该速度决定单结晶体管 V_{16} 的导通时刻，也就决定了晶闸管的控制角 α，决定了可控整流电路的输出电压平均值 U_a，电动机在该平均电压下运行。当负载转矩发生变化时，譬如负载转矩增加，电动机的转速 n 将下降，反馈电压 U_f 减小，ΔU 增加，V_{18} 的集电极电位下降，V_{17} 的集电极电流增加，电容 C_4 的充电速度加快，产生触发脉冲的时刻提前，控制角 α 减小，晶闸管输出整流电压增大，电动机转速回升。反之，若负载转矩减小，电动机转速升高，通过系统内部调整，可以使电动机转速回降。这样系统就可以自动调节转速。

上述自动调速过程可以表示为：

$$T_C \uparrow \rightarrow n \downarrow \rightarrow U_a \uparrow \rightarrow U_f \downarrow \rightarrow \Delta U \uparrow \rightarrow I_{B18} \uparrow \rightarrow I_{C18} \uparrow \rightarrow U_{C18} \downarrow \rightarrow I_{B17} \uparrow \rightarrow I_{C17} \uparrow \rightarrow \alpha \downarrow \rightarrow U_a \uparrow$$

$\rightarrow n \uparrow$

$T_C \downarrow \rightarrow n \uparrow \rightarrow U_a \uparrow \rightarrow U_f \uparrow \rightarrow \Delta U \downarrow \rightarrow I_{B18} \downarrow \rightarrow I_{C18} \downarrow \rightarrow U_{C18} \uparrow \rightarrow I_{B17} \downarrow \rightarrow I_{C17} \downarrow \rightarrow \alpha \uparrow \rightarrow U_a \downarrow$

$\rightarrow n \downarrow$

同样道理，若干扰是电网电压波动或系统电路参数变化，电动机转速也能自动调节。

四、操作内容和要求

（一）晶闸管直流电动机调速电路组装

（1）对照晶闸管直流电动机调速电路图清点元件的数量，检查元件的规格型号。

（2）用万能表对所用元件进行检查测试，判断是否合格。

（3）将元器件放置在铆钉电路板的正确位置上。

（4）将元件的引线、管脚搪锡后逐个就位装接，焊点要圆整光滑，无虚焊、漏焊。多余引线管脚剪掉，铆钉电路板保持整洁美观。

（二）容易出现的问题和解决方法

（1）对元件管脚折弯时，不能靠近根部，不要重复弯曲或折弯过死，以免折断。

（2）虚焊是焊接元件时常出现的问题，为防止虚焊，将引线做搪锡处理。

（3）焊接时加热时间过长会造成元件损坏，焊好后将残留焊剂擦净。

（4）通电测试时，如发现元件过热或有异常现象时，应立即停电，进行检查，排除故障。

（三）调速电路的调试

（1）按图 18-1 连接电路，检查无误后再接通电源。

（2）用示波器测试晶闸管直流电动机调速电路的 A、B 点的波形，并画出其测量波形。

（3）用示波器测量出 A、B 两点的极值。

（4）调节 R_P、R_{P1} 观察直流电动机转速变化情况。

（5）用万用表测出晶闸管直流电动机调速电路输出电压范围。

1）调节 R_P 测出 U_{0max}。

2）调节 R_P 测出 U_{0min}。

五、实训报告和考核标准

（1）画出晶闸管直流电动机调速电路铆钉电路板接线图（样图如图 18-2 所示）。

（2）分析晶闸管直流电动机调速电路的工作原理。

（3）叙述操作过程中出现的问题并说明原因。

（4）装接前要先检查元器件的好坏，核对元件数量和规格。

（5）在规定时间内，按图纸的要求进行正确熟练地安装，正确连接仪器与仪表，能正确进行调试。

（6）正确使用工具和仪表，装接质量要可靠，装接技术要符合工艺要求。

（7）操作安全文明。

六、晶闸管直流电动机调速电路的评分标准

晶闸管直流电动机调速电路的评分标准见表 18-1。

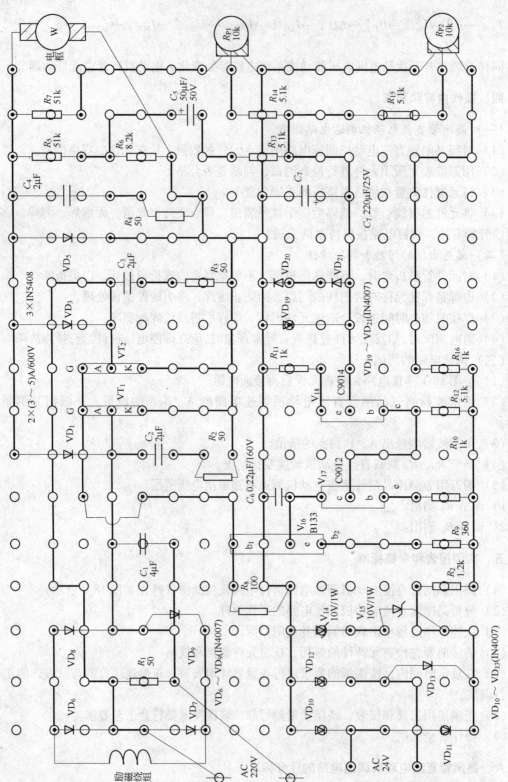

图 18-2　晶闸管直流电动机调速电路铆钉电路板接线图

表 18-1 评分标准

序号	考核内容	考核要求	评分标准	配分	扣分	得分
1	按图焊接	正确使用工具和仪表，装接质量可靠，装接技术符合工艺要求	（1）布局不合理，扣1分 （2）焊点粗糙、拉尖、有焊接残渣，每处扣1分 （3）元件虚焊、气孔、漏焊、松动、损坏元件，每处扣1分 （4）引线过长、焊剂不擦干净，每处扣1分 （5）元器件的标称值不直观、安装高度不合要求，扣1分 （6）工具、仪表使用不正确，每次扣1分 （7）焊接时损坏元件，每个扣2分	20		
2	调试后通电试验	在规定时间内，使用仪器仪表调试后进行通电试验	（1）通电调试一次不成功扣5分；两次不成功扣10分；三次不成功扣15分 （2）调试过程中损坏元件，每个扣2分	20		
备注			合　计	40		
			考评员签字		年　月　日	

附　录

常用电气图图形符号

序号	图形符号	名　称	序号	图形符号	名　称
1	~~~	直　流	21	←→	双向直线的运动或力
2	∿	交　流	22		按箭头的方向单向旋转（示出顺时针方向）
3	≈	交直流	23		双向旋转
4	∿	具有交流分量的整流电流	24		两个方向均有限制的双向旋转
5	N	中性线	25	∿	往复动动
6	M	中间线	26	→	能量信号的单向传播（单向传输）
7	+	正　极	27		同时双向传播（同时双向传输），同时发送和接收
8	–	负　极	28		不同时双向传播，交替的发送和接收
9	↗	非内在的可变性			
10	↗	非内在非线性的可变性	29	→•	发　送
11	↗	预调微调	30	•→	接　收
12	⌐	阶跃式分挡式的可变量步进动作	31	⊢→	能量从母线（汇流排输出）
13	╱	连续的可变性	32	→⊢	能量从母线（汇流排输入）
14	↗	自动控制	33	⊢←→	双向能量流动（双向能量传输）
15		导线的交叉连接点多线表示法	34		热效应
16		导线或电缆的分支和合并	35		电磁效应
17		导线的不连接跨越	36		磁滞伸缩效应
			37	×	磁场效应或磁场相关性
		示例：单线表示法	38	⊢⊣	延时，延迟
			39		非电离的相干辐射
			40		非电离的电磁辐射
		示例：多线表示法	41		正脉冲
18	⊸⊸	导线直接连接导线接头	42		负脉冲
19		一组相似连接件的公共连接 示例：复接的单行程 选择器表示10个触点	43		交流脉冲
			44		正阶跃函数
20	→	按箭头方向的直线运动或力	45		负阶跃函数

序号	图形符号	名　称	序号	图形符号	名　称
46		制动器	74		保护接地
47		带制动器并已制动的电动机	75		等电位
48		一般情况下手动控制	76		故障（用以表示假定故障位置）
49		旋转操作	77		闪络、击穿
50		推动操作	78		导线间绝缘击穿
51		接近效应操作	79		导线对机壳绝缘击穿
52		接触效应操作	80		导线对地绝缘击穿
53		紧急开关（蘑菇头安全按钮）	81		永久磁铁
54		手轮操作	82		导线、导线组、电线、电缆、电路传输通路一般符号
55		脚踏操作	83		示例：三根导线
56		杠杆操作	84		示例：三根导线
57		可拆卸的手柄操作	85		封闭母线
58		钥匙操作	86		柔软导线
59		凸轮操作	87		屏蔽导线
60		贮存机械能操作	88		绞合导线（示出二股）
61		单向作用的气动或液压控制操作	89		电缆中的导线（示出三股）
62		双向作用的气动或液压控制操作	90		同轴对同轴电缆
63		过电流保护的电磁操作	91		屏蔽同轴电缆、屏蔽同轴对
64		电磁执行器操作	92		未连接的导线或电缆
65		热执行器操作（如热继电器、热过电流保护）	93		未连接的特殊绝缘的导线或电缆
66		电动机操作	94		交流电缆线路
67		电钟操作	95		导线的连接
68	n	转速控制	96		端　子
69		计数控制			
70	P	压力控制			
71	v	线性速率或速度控制			
72		接地一般符号			
73		无噪声接地抗干扰接地			

序号	图形符号	名　称	序号	图形符号	名　称
97	11 12 13 14 15 16	端子板	116		普通接线端子
98		导线的连接	117		铭牌端子
99		导线的多线连接	118		终端端子
100		多相系统的中性点	119		试验端子
			120		试验连接端子
			121		连接端子
101	GS	每相两端引出（示出外部中性点的三相同步发电机）	122		带熔断器的端子
			123		带开关的端子
			124		带调整电阻的端子
102		插座（内孔的）或插座的一个极	125		带标准电阻的端子
103		插头（凸头的）或插头的一个极			
104		插头和插座（凸头和内孔）	126		电缆密封终端头（示出带一根三芯电缆）多线表示
105		多极插头插座（示出带六个极）多线表示形式	127		不需要示出电缆芯数的电缆终端头
			128		电缆密封终端头
106		电话型两极插塞和塞孔			
107		电话型三极插塞孔	129		电缆直通接线盒（示出带三根导线形 T 连接）多线表示
108		电话型断开或隔离的塞孔	130		电阻器一般符号
109		同轴的插头和插座	131		可变电阻器　可调电阻器
110		同轴插接器	132		压敏电阻器　变阻器
111		接通的连接接片	133		热敏电阻器
112		断开的连接接片	134		0.125W 电阻器
113		插头插座式连接器（插座-插头）	135		0.25W 电阻器
114		插头插座	136		0.5W 电阻器
			137		1W 电阻器
115		带插座通路的插头-插头	138		滑线式变阻器

续表

序号	图形符号	名　称	序号	图形符号	名　称
139		两个固定抽头的电阻器	159		变容二极管
140		两个固定抽头的可变电阻器	160		晶体闸流管
141		分路器带分流和分压接线头的电阻器	161		反向阻断晶体闸流管，N 型控制极（阳极侧受控）
142		预调电位器	162		反向阻断晶体闸流管，P 型控制极（阴极侧受控）
143		电容器一般符号	163		PNP 型半导体三极管
144		穿心电容器	164		NPN 型半导体三极管
145		极性电容器	165		单结晶体管
146		可变电容器　可调电容器	166		光敏电阻
147		双联同调可变电容器	167		光电池
148		微调电容器	168		两相绕组
149		电感器，线圈，绕组，扼流器	169		两个绕组 V 形连接，60°的三相绕组
150		带磁芯的电感器	170		三角形连接的三相绕组
151		磁芯有间隙的电感器	171		开口三角形连接的三相绕组
152		带磁芯连续可调的电感器	172		星形连接的三相绕组
153		可变电感器	173		中性点引出的星形连接的三相绕组
154		半导体二极管一般符号	174		直流发电机
155		发光二极管一般符号	175		直流电动机
156		电压调整二极管（稳压管）	176		交流发电机
157		双向击穿二极管	177		交流电动机
158		光电二极管	178		交流伺服电动机

序号	图形符号	名　称	序号	图形符号	名　称
179	(SM)	直流伺服电动机	190		电流互感器、脉冲变压器
180	(TG)	交流测速发电机	191		接地消弧线圈
181	(TG)	直流测速发电机	192		制动电阻
182	(M)	直线电动机一般符号	193		直流变流器
			194		整流器
183	(M)	步进电动机一般符号	195		桥式全波整流器
			196		逆变器
184	(✳)	自整角机、旋转变压器一般符号	197		整流器逆变器
			198		交流稳压器
185	(G)	手摇发电机	199		原电池或蓄电池
186		双绕组变压器	200		蓄电池组或原电池组
			201		带插头的原电池组或蓄电池组
187		三绕组变压器	202		动合常开触点
			203		动断常闭触点
188		自耦变压器	204		先断后合的转换触点
			205		中间断开的双向触点
189		电抗器扼流圈	206		先合后断的转换触点桥接

序号	图形符号	名　称	序号	图形符号	名　称
207		双动合触点	221		多极开关一般符号、单线表示
208		双动断触点	222		多线表示
209		当操作器件被吸合时延时闭合的动合触点	223		接触器在非动作位置触点断开
210		当操作器件被吸合时延时断开的动断触点	224		接触器在非动作位置触点闭合
211		当操作器件被释放时延时断开的动合触点	225		断路器
212		当操作器件被释放时延时闭合的动断触点	226		隔离开关
213		手动开关的一般符号	227		负荷开关（负荷隔离开关）
214		按钮开关不闭锁	228		具有自动释放的负荷开关
215		按钮开关闭锁	229		自动空气开关
216		按钮开关（旋钮开关闭锁）	230		带单侧接地闸刀的隔离开关
217		旋转开关（旋钮开关不闭锁）	231		带双侧接地闸刀的隔离开关
218		位置开关动合触点、限制开关动合触点	232		短路开关
219		位置开关动断触点、限制开关动断触点	233		快速分离的隔离开关
220		对两个独立电路作双向机械操作的位置或限制开关	234		操作器件一般符号

序号	图形符号	名　称	序号	图形符号	名　称
235		具有两个绕组的操作器件组合表示法	250	U<　50—80V　130%	欠压继电器
236		具有两个绕组的操作器件分离表示法	251	I >	过电流继电器
237	n　/n	n 线圈	252	Z<	欠阻抗继电器
238	I/n　I/n	n 个线圈的继电器的电流线圈	253	F	频率继电器
239		缓慢释放缓放继电器的线圈	254	KSC	信号继电器
240		缓慢吸合缓吸继电器的线圈	255	T	温度继电器
241	~	交流继电器的线圈	256	I₀	零序电流保护
242		缓吸和缓放继电器的线圈	257	I₀ →	零序方向电流保护
243		快速继电器快吸和快放的线圈	258		熔断器一般符号
244		机械谐振继电器的线圈	259		供电端由粗线表示的熔断器
245		机械保持继电器的线圈	260		带机械连杆的熔断器 撞击器式熔断器
246		剩磁继电器的线圈	261		具有报警触点的三端熔断器
247		热继电器的驱动器件	262		具有独立报警电路的熔断器
248	U=0	零电压继电器			
249	P<	欠功率继电器			

序号	图形符号	名　称	序号	图形符号	名　称
263		跌开式熔断器	272	(A)	电流表
264		熔断器式开关	273	(W)	功率表
265		熔断器式隔离开关	274		同步表（同步指示器）
266		熔断器式负荷开关	275		示波器
267		任何一个撞击式熔断器熔断而自动释放的三相开关	276		检流计
268		火花间隙	277	(n)	转速表
269		避雷器	278	(Ω)	欧姆表
270		击穿保险	279		灯一般符号
271	(V)	电压表			

参 考 文 献

[1] 张小慧. 电工实训[M]. 北京：机械工业出版社，2002.

[2] 劳动部培训司组织编写. 电力拖动控制线路（第二版）[M]. 北京：中国劳动出版社，1994.

[3] 劳动部培训司组织编写. 维修电工[M]. 北京：中国劳动社会保障出版社，2004.

[4] 付家才. 电气控制工程实践技术[M]. 北京：化学工业出版社，2004.

[5] 贺哲荣. 实用机床电器控制线路故障维修[M]. 北京：电子工业出版社，2003.

[6] 李显全. 维修电工（初级、中级、高级）[M]. 北京：中国劳动出版社，1998.

[7]《简明维修电工手册》编写组. 简明维修电工手册[M]. 北京：机械工业出版社，1993.

[8] 沈志勤. 电子技术基础[M]. 北京：清华大学出版社，2006.

[9] 杨威，张金栋. 电力电子技术[M]. 重庆：重庆大学出版社，2003.

[10] 姚福安. 电子电路设计与实践[M]. 山东：山东科学出版社，2005.

[11] 劳动和社会保障部教材办公室组织编写. 电子专业技能训练[M]. 北京：中国劳动社会保障出版社，2003.

[12] 张久全. 电工与电子技术实训[M]. 北京：冶金工业出版社，2008.

实训报告

维修电工实训报告（实训一）

班　　级		姓　　名		学　　号	
实训项目	电气控制电路图的绘制、识读、电气控制电路的连接及故障检修方法	实训地点		实训时间	
教师评分			教师签名		

对电气控制电路图的绘制、识读方法的应用体会

绘制三相异步电动机双重联锁正反转控制电路图

备注：

维修电工实训报告（实训二）

班　级		姓　名		学　号	
实训项目	通电延时带直流能耗制动的星形-三角形启动控制电路	实训地点		实训时间	
教师评分			教师签名		

分析通电延时带直流能耗制动的星形-三角形启动的控制电路的动作原理

用万用表交流电压挡测量星形启动时电动机同一相绕组两端的电压值	用万用表交流电压挡测量三角形运行时电动机同一相绕组两端的电压值
$U =$	$U =$

画出通电延时带直流能耗制动的星形-三角形启动的控制电路工艺接线图

备注：

维修电工实训报告（实训三）

班　级		姓　名		学　号	
实训项目	断电延时带直流能耗制动的星形-三角形启动控制电路	实训地点		实训时间	
教师评分			教师签名		

分析断电延时带直流能耗制动的星形-三角形启动的控制电路的动作原理

用万用表交流电压挡测量星形启动时电动机同一相绕组两端的电压值	用万用表交流电压挡测量三角形运行时电动机同一相绕组两端的电压值
$U =$	$U =$

画出断电延时带直流能耗制动的星形-三角形启动的控制电路工艺接线图

备注：

维修电工实训报告（实训四）

班　级		姓　名		学　号	
实训项目	三台电动机顺启、逆停控制线路	实训地点		实训时间	
教师评分			教师签名		

分析三台电动机顺启、逆停控制线路的动作原理

画出三台电动机顺启、逆停控制线路工艺接线图

备注：

维修电工实训报告（实训五）

班　级		姓　名		学　号	
实训项目	三速电动机自动变速控制线路	实训地点		实训时间	
教师评分				教师签名	
分析三速电动机自动变速控制线路的动作原理					

画出三速电动机自动变速控制线路工艺接线图

备注:

维修电工实训报告（实训六）

班 级		姓 名		学 号	
实训项目	CW6163 型车床电路故障排除	实训地点		实训时间	
教师评分			教师签名		

分析 CW6163 型车床电路的工作原理

在 CW6163 型车床控制电路板上根据故障现象，确定故障范围，分析故障原因

备注：

维修电工实训报告（实训七）

班　级		姓　名		学　号	
实训项目	常用电子元器件识别	实训地点		实训时间	
教师评分			教师签名		

在用万用表检测二极管、三极管、晶闸管、单结晶体管、阻容元件等常用元器件过程中的疑问及解决方法

写出用万用表检测常用元器件的收获

备注:

维修电工实训报告（实训八）

班　级		姓　名		学　号	
实训项目	印刷电路板的设计	实训地点		实训时间	
教师评分			教师签名		

设计串联可调型直流稳压电路的印刷电路板图

设计串联可调型直流稳压电路的铆钉电路板图

备注：

维修电工实训报告（实训九）

班　级		姓　名		学　号	
实训项目	电子电路焊接工艺	实训地点		实训时间	
教师评分			教师签名		

通过焊接练习，写出焊接要领

谈谈手工焊接的体会

备注：

维修电工实训报告（实训十）

班　级		姓　名		学　号	
实训项目	电子元器件的装配工艺	实训地点		实训时间	
教师评分			教师签名		

观察一件家用电器元件的安装方法，说明其元器件的安装方式

谈谈电子元器件各种安装方法的适用范围

备注:

维修电工实训报告（实训十一）

班　级		姓　名		学　号	
实训项目	串联可调型直流稳压电路	实训地点		实训时间	
教师评分			教师签名		

分析串联可调型直流稳压电路的工作原理

用示波器测试串联可调型直流稳压电路各点的波形，并画出测量波形

（1）测 AB 间的波形	（2）断开电容 C_1 测 C 点的波形

测试串联可调型直流稳压电路的电压范围

（1）调节 R_P 测出 $U_{0max} =$

（2）调节 R_P 测出 $U_{0min} =$

画出串联可调型直流稳压电路铆钉电路板接线图

备注：

维修电工实训报告（实训十二）

班　级		姓　名		学　号	
实训项目	单相半控桥可控调压电路	实训地点		实训时间	
教师评分			教师签名		

分析单相半控桥可控调压电路的工作原理

用示波器测试单相半控桥可控调压电路的 A、B、C 点的波形，并画测量波形

A 点的波形：	B 点的波形：	C 点的波形：

用示波器测量出 A、C 两点的极值

A 点的极值 = 　　　　　　　　　　　　　　C 点的极值 =

用万用表测出单相半控桥可控调压电路输出电压范围

（1）调节 R_P 测出 U_{0max} =

（2）调节 R_P 测出 U_{0min} =

画出单相半控桥可控调压电路铆钉电路板接线图

备注:

维修电工实训报告（实训十三）

班　级		姓　名		学　号	
实训项目	RC 桥式正弦波振荡电路	实训地点		实训时间	
教师评分			教师签名		

分析 RC 桥式正弦波振荡电路的工作原理

测试放大电路的闭环电压放大倍数

$A =$

用李沙育法测量 RC 正弦波振荡电路的振荡频率 f

$f =$

用示波器测试 RC 正弦波振荡电路的输出波形并画出其测量波形

画出 *RC* 桥式正弦波振荡电路铆钉电路板接线图

备注:

维修电工实训报告（实训十四　第一单元）

班　级		姓　名		学　号	
实训项目	设计、安装与调试双速交流异步电动机自动变速-反接制动控制线路	实训地点		实训时间	
教师评分			教师签名		

根据设计要求说明电气控制原理

设计出一个具有双速交流异步电动机自动变速-反接制动控制线路，并绘制出电气原理图

画出双速交流异步电动机自动变速-反接制动控制线路工艺接线图

备注：

维修电工实训报告（实训十四　第二单元）

班　级		姓　名		学　号	
实训项目	设计、安装与调试通电延时星形-三角形启动带速度继电器控制半波整流能耗制动控制线路	实训地点		实训时间	
教师评分		教师签名			

根据设计要求说明电气控制原理

设计出通电延时星形-三角形启动带速度继电器控制半波整流能耗制动控制线路，并绘制出电气原理图

画出通电延时星形-三角形启动带速度继电器控制半波整流能耗制动控制线路工艺接线图

备注：

维修电工实训报告（实训十四　第三单元）

班　级		姓　名		学　号	
实训项目	设计、安装与调试机械动力头电气控制线路	实训地点		实训时间	
教师评分			教师签名		

根据设计要求说明电气控制原理

设计出机械动力头电气控制线路，并绘制出电气原理图

画出机械动力头电气控制线路工艺接线图

备注：

维修电工实训报告（实训十五）

班　级		姓　名		学　号	
实训项目	CA6140 型车床电气故障排除	实训地点		实训时间	
教师评分			教师签名		

分析 CA6140 型车床电路的工作原理

根据故障现象，在CA6140型车床电路图上分析故障可能产生的原因，确定故障发生的范围

备注：

维修电工实训报告（实训十六）

班　级			姓　名		学　号	
实训项目	X62W 型万能铣床 电气故障排除		实训地点		实训时间	
教师评分				教师签名		

分析 X62W 型万能铣床电路的工作原理

根据故障现象，在 X62W 型万能铣床电路图上分析故障可能产生的原因，确定故障发生的范围

备注：

维修电工实训报告（实训十七）

班　级		姓　名		学　号	
实训项目	OCL 准互补功率放大器	实训地点		实训时间	
教师评分			教师签名		

分析 OCL 准互补功率放大器的工作原理

　　用函数信号发生器输出 1kHz20mV 的正弦波接到 OCL 准互补功率放大器的输入端，用示波器观察负载两端输出信号波形；若波形有失真调节函数信号发生器输出幅度，使负载两端输出信号波形不失真。画出其测量波形

　　用万用表测量输出中点电压。短接输入端使 $U_i = 0$，用万用表测量输出端电压 U_o，若不为零应调节 R_{C4} 使之为零

画出 OCL 准互补功率放大器铆钉电路板接线图

备注:

维修电工实训报告（实训十八）

班　级		姓　名		学　号	
实训项目	晶闸管直流电动机调速电路	实训地点		实训时间	
教师评分			教师签名		

分析晶闸管直流电动机调速电路的工作原理

用示波器测试晶闸管直流电动机调速电路的 A、B 点的波形，并画出其测量波形

A 点的波形：	B 点的波形：

用示波器测量出 A、B 两点的极值

A 点的极值 = 　　　　　　　　　　　　　B 点的极值 =

用万用表测出晶闸管直流电动机调速电路输出电压范围

（1）调节 R_P 测出 U_{0max} =

（2）调节 R_P 测出 U_{0min} =

画出晶闸管直流电动机调速电路铆钉电路板接线图

备注：

冶金工业出版社部分图书推荐

书　名	作　者	定价（元）
冶金通用机械与冶炼设备（第2版）（高职高专教材）	王庆春	56.00
矿山提升与运输（第2版）（高职高专教材）	陈国山	39.00
电子技术及应用（高职高专教材）	龙关锦	34.00
自动化仪表使用与维护（高职高专教材）	吕增芳	28.00
冶金机械设备故障诊断与维修（高职高专教材）	蒋立刚	55.00
机械基础与训练（上）（高职高专教材）	黄　伟	40.00
机械基础与训练（下）（高职高专教材）	谷敬宇	32.00
洁净煤技术（高职高专教材）	李桂芬	30.00
煤矿安全监测监控技术实训指导（高职高专教材）	姚向荣	22.00
高职院校学生职业安全教育（高职高专教材）	邹红艳	22.00
液压气动技术与实践（高职高专教材）	胡运林	39.00
数控技术与应用（高职高专教材）	胡运林	32.00
烧结球团生产操作与控制（高职高专教材）	侯向东	35.00
工程材料及热处理（高职高专教材）	孙　刚	29.00
现代转炉炼钢设备（高职高专教材）	季德静	39.00
环境监测与分析（高职高专教材）	黄兰粉	32.00
采掘机械（高职高专教材）	陈国山	42.00
心理健康教育（中职教材）	郭兴民	22.00
美丽校园人读本（中职教材）	郭兴民	（估）25.00
起重与运输机械（高等学校教材）	纪　宏	35.00
机械优化设计方法（第4版）（本科教材）	陈立周	42.00
环境工程学（本科教材）	罗　琳	39.00
城市轨道交通车辆检修工艺与设备（本科教材）	卢　宁	20.00
工程流体力学（本科教材）	李　良	30.00
机械加工专用工艺装备设计技术与案例	胡运林	55.00
网络化制造环境下供应链库存优化控制研究	董　海	34.00
网络化制造模式下供应链设计与优化技术	董　海	42.00